U0140133

整理之外

超越一般空間收納術，你需要知道的50件事

藝收納居家整理顧問
何安蒔◎著

前言

距離我出版上一本著作《走進陌生人的家：何安蒔教你整理心，再整理空間》已隔六年，出版社問我，如今市面上已經有這麼多國內外的整理書，你這本的內容有什麼不同？

這其實也是我這六年來一直問自己的問題，從當年整理觀念剛被臺灣市場接受的初試啼聲，到現在整個行業蓬勃發展，整理知識氾濫，我到底還想跟讀者們分享些什麼？

從事整理顧問工作已逾八年，這期間發現很多委託人家中，都有收藏許多收納相關的書籍，其中包含幾本耳熟能詳的暢銷書。我曾在一個印象深刻的諮詢案中，從委託人的櫃子裡搜刮出共二十一本收納書，但是她依然對整理自己的家感到無所適從，她所持有的數量只是特例，其他我遇過的委託人，從買五、六本到十幾本也不算少見。

這些數量的書籍，足以證明她們對理想住家的渴望，卻也讓我不禁思索，究竟是什麼原因，讓這些急於從各種收納書籍和課程中找答案的委託人，在吸收了大量的知識和價值觀之後，依然無法自行把家給整理好？

我認為大概可以分為以下這十種原因：

1. 收納工具書中，只能提供籠統的整理知識，對某些閱讀者而言，無法透過別人家的案例，融會貫通套用在自己的生活空間上。

2. 家中混亂的原因過於複雜或是難以判斷，收納書籍無法提供對應的解方。

3. 閱讀者有拖延症或是其他心理疾病，導致無法按照作者的建議執行。

4. 某些收納作者的居住環境與國情文化與我們不同，提供的操作方式對某些閱讀者來說並不實際。

5. 同住家人不支持整理，或是覺得家中現狀沒有問題，使得閱讀者本人難以施展拳腳。

6. 某些閱讀者要處理的是與整理規畫相關的大問題，像是購屋租屋、搬家或裝潢前後的整理，操作範圍太大，時程太長，沒有辦法全靠自己

執行。

7. 因預算有限，導致在整理過程中綁手綁腳，不是半途而廢就是從未開始。

8. 閱讀者沒有做整理計畫與安排主、次流程的概念，面對亂象只能舉白旗投降。

9. 閱讀者不清楚自己到底適合什麼和想要什麼，或是整理的動機不夠強烈。

10. 太懶，也就是「道理我都懂，就是不想動」。

　　除了第十點連這本書也幫不上忙之外，其他的因素或許都能從這本書中找到共鳴或答案。針對第六點，我會用大篇幅的現身說法與你分享關於選屋、購屋、裝潢搬家，甚至是出租房屋與整理收納之間的關聯性。

　　另外，這本書的重點將放在容易被大部分人忽略的「整理計畫」到底該如何規畫與執行，而它又為何如此重要？

　　將這本書的重點放在整理之外，是因為我認為大家所熟悉的斷捨離與分類收納，其實都只是「整理」的其中幾個環節，並不等同於整理，所以在實際動手之前，還有許多步驟需要先釐清與準備，包含你的期許、對現

狀與自我的認知、改變的動機，以及時間管理和預算分配。若是忽略掉這些前置作業，就貿然開始丟東西和做物品分類，很有可能無法得到顯著且長期的成效。

「**整理**」二字從不只是侷限於空間而已，更多時候反而是需先進行內在整理，對自己誠實之後，才能獲得理想中的居所。本書透過許多真實故事，與讀者從失敗開始探討，透過釐清需求，到擬訂執行計畫與長效維持成果，無論讀此書的你現在正處於哪個階段，都希望你能從中找到最適合自己的整理方法。

目次

第四章 培養維持的觀念與習慣，是為了不辜負自己

第五章 活用整理計畫：制定人生中的重大「房事」

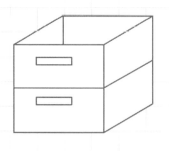
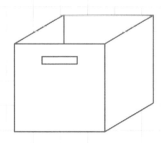

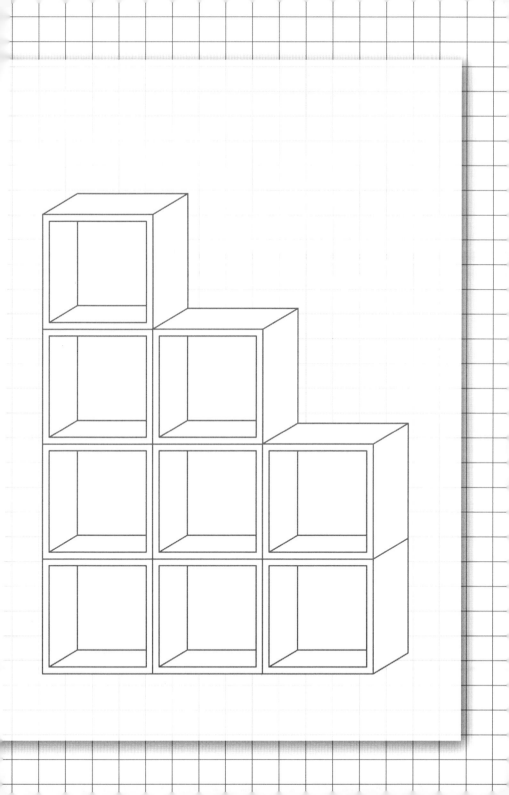

也許你該整理的不是空間，
而是重新檢視自己的選擇

　　有一種類型的委託人，他們平時花很多精力和時間去打理房子，但無論他們再努力，效果總是很有限，或是容易陷入鬼打牆的循環，整齊狀態只能短暫維持，沒過多久一定會「復亂」，久而久之，他們也失去了整理的動力，最終呈現一種無能為力的消極狀態。這些委託人通常有幾個共通點：住在多人家庭、寄人籬下，或是與同住伴侶有著差異極大的生活習慣。

　　幾年前，我曾經收到來自一個年輕女孩的預約單，她告訴我，由於自己跟原生家庭的關係不太好，母親有囤積症，她不想住那樣的環境中生活，所以就索性不回家，而是搬去男友家裡住。

　　只是沒有想到，男友全家人的生活習慣也很不好，囤積雜物的傾向很嚴重，讓她十分受不了，於是她希望我能在不動男友家人物品的情況下，協助她把兩人的房

間稍作整理。

另外，她也提到自己的男友也有很多堆放十年不肯整理的物品，所以她不確定如果只是把自己的東西弄整齊，在男友不願配合維持的情況下，能看見多少成效？

在我看完她傳來家中的照片後，我告訴她：

「這個家庭的狀況不是你能處理的，所以請先理解，如果你還要繼續這段關係，繼續住在這間房子裡，你面對的將是長期抗戰，而結果通常不會如你所願。因為我看過很多委託人嫁到這樣的家庭，與公婆妯娌同住，由於生活習慣和對待物品的態度不同，一吵就是 N 年。而且等孩子出生之後，也會因為雜物變得更多，而讓情況更惡化，她們以媳婦的身分都無法扭轉情勢，更別提你現在只是女朋友，更不適合去介入他們家的生活方式。」

改變的核心永遠是在自己身上

「目前我能給你的建議是：人的行為是很難改變的，所以不要期待他人為你做改變，這是最不聰明的做法。你如果目前沒有經濟能力自己搬出去住，就只能對現狀

妥協，不要抱怨，只管好自己的物品，因為這也是對你男友家的尊重。」

她說：「了解，你說的沒有錯，我最近有考慮搬出去住，只是目前經濟上還沒有這個條件。」

我說：「的確，搬出去是最好的選擇。現在沒有經濟能力沒有關係，但是你心中對未來要有藍圖，你可以強迫自己邁向有能力的路。等你變強壯、有存款之後，你才有條件去過你能主宰的生活，而在目前只能依附別人過日子的情況下，真的不能要求太多！另外，你現在要面對的，不僅僅是脫離現在的居住空間，更需要考慮你和男友之間的關係。如果你是個對生活空間有極度要求的人，理想中的家是清爽舒適的，那麼你們這段關係的終點，是否能讓你過想要的生活？如果不能，或許你還來得及重新做選擇。」

她回：「好的，我明白了，謝謝老師！我會想辦法讓自己經濟獨立，以後才能自由，感謝你真的很為顧客著想，你真的看得很透澈！」

總之，我後來沒有接她的案子，因為只幫她整理局部區域沒有意義，而且肯定沒多久又會復亂，所以我希望她把錢省下來，去布置日後屬於她自己的空間。

　　當時跟她聊過之後，我以為這種情況只是特殊個案，開導完就算了，直到後來有一次我去做一場企業演講，會後一位年輕女生舉手問我：「我男友時常弄亂我整理好的家，搞得我很容易因為這件事跟他起衝突，請問我該怎麼辦呢？」

　　我當下也給了她「與其討論他把你家弄亂這件事，不如問自己，這段關係能不能把你帶向理想中的生活」的忠告！

> 談戀愛挑對象時，你選的不只是一個男人或女人，而是一種未來的生活方式！

　　很多人在談戀愛的時候都一頭熱栽進去，卻選擇性忽略另一半與自己不合的生活習慣，包含對舊物品的執著程度、愛不愛整潔、是否有購物癖或囤積癖、平時如何對待拿回家的東西，是物歸原位還是隨手亂扔？

　　如果在婚前就能擦亮雙眼，理智地將以上細節列入擇偶條件，選一個與自己大致相同，或是能透過溝通找到平衡點的對象，那未來的婚姻生活就能減少許多衝突。

但假如婚前沒注意這些細節，或是以為自己可以長期包容這些「小事」所以不在意，直到開始被各種生活瑣碎擊潰之後，才發現雙方天天都在累積怒氣值的夫妻，又該怎麼辦呢？

大部分的人，都會在試圖改變對方或是自我妥協中拉扯過日子。有人會問，還有沒有第三種方案呢？

有啊！**改變自己！**

當我們對環境有所抱怨的時候，第一時間總是會先想要去改變別人，卻總是忘記問自己：「如果對方改不了，我也不想忍，那我能做些什麼，來讓自己好過一點？」

我給那兩位女生的忠告，都是發自內心，正因為自己走過差不多的路，所以我知道，任何人只要真心想擁有更好的生活或居住環境，都是可以靠自己努力獲得的，而且也只能靠自己。

未婚的人還有機會選擇自己想要的理想生活，已婚的人也同樣可以！

我曾有一個線上諮詢的委託人，與我視訊幾次想要改善自己與老公居住的小房間，當時她已在懷孕中後期，嫁入夫家的透天厝後，與老公住在他婚前的房間裡。原本只適合一個人居住的臥室，在塞進兩夫妻的物品後擁

擠到不行，為了節省空間，他們弄了一張架高床架，但是一想到連要幫即將出生的孩子在房內擺張嬰兒床都有點困難，這位準媽媽在焦慮之餘，還是很努力的想要透過丟東西的方式，給孩子騰出生活空間。

她告訴我，這樣的日子不會過太久，因為老公答應她，不久後可以搬出去住，但是隨著她在孕期整理時，老公看著她忙裡忙外也不幫忙，而好不容易挪出房間的物品，又因為夫家其他成員的反對，又得擺回房間裡，諸多細節都顯示出夫家人對她的不在乎。後來，那個房間終究沒能整理成她想要的樣子。

幾個月後，我收到她的簡訊，她告訴我，她獨自帶著孩子離婚了！雖然生活辛苦一些，但是心情卻好過許多，也沒像之前那麼鬱悶了。因為與丈夫溝通不良，她已能預見若是繼續妥協下去，會離自己想要的理想狀態愈來愈遙遠，於是乾脆放手，去追尋自己能掌握的生活。

我還遇過一位熟齡的委託人，在與丈夫和孩子生活了近四十年後，因長期受不了另一半愛囤物又捨不得斷捨離的生活習慣，終於在晚年決定與丈夫分居，打算自己一個人搬去她名下的小套房裡。

她說：「我現在終於可以為自己活了！可以不必天

天生活在那個雜物堆裡，我已經想好要怎麼布置自己的小房子了。」

　　寫到這裡，我並不是要勸人離婚或分居，當然除了這兩種選擇外，還有別的可能性。我本人的做法是，買一間屬於自己的小房子，弄成我喜愛的樣子，然後想要喘口氣時就隨時去住，即使是我丈夫，也無法阻止我追尋自己的理想生活。

　　自從我這麼做之後，對於我丈夫與我大相逕庭的生活習慣，也有了更多的包容，因為當我看不下去又無法改變的時候，至少多了暫時離開的選項。

　　為了避免在熟齡時走到分道揚鑣的地步，在婚姻狀態中，適度的獨處或者各自擁有專屬空間是相當有必要的。照顧另一半之前，先不忘照顧自己的身心，回到獨自一人時，若能感到自信與快樂，才能開啟比較健康的模式繼續與對方相處。

　　不要去跟你無法改變的現狀對抗，換個方向徒于創造，你的人生掌握在自己的手中！

真的是房子的問題嗎？

　　會找整理師協助的委託人百百種，理由也不盡相同，唯一的共通點就是：都是焦慮的！

　　這些焦慮有程度和原因之分，雖然大部分都是因為空間混亂而造成的心裡不安定，但是也有少數委託人的問題並不是出在空間，而是更深一層的「自我批判」，但是他們卻以為，只要把家裡弄得更整齊一點，就會讓自己心情好一點。通常遇到這樣的客戶，我都會很直接告訴對方我的想法。

　　幾年前，我曾去一位委託人家中，她在很早之前就跟我預約了，一直很期待我的到訪，希望我可以讓她愛上自己的新家。在那之前，她大約傳了三次的訊息給我，表明自己一家四口原先是和公婆同住，只要整理一個房間即可。

　　然而幾個月前搬離了公婆家，但是在裝潢新屋時與設計師溝通不良，導致裝潢過程不盡人意，一改再改的

結果，還是讓她難以使用那些又高又深的收納櫃。

到最後，因為她連一個自己專屬的空間都沒有而感到很傷心。在信中她表示，很多東西她不知道該怎麼放，所以買了很多收納籃，然而卻愈弄愈沮喪焦慮。為什麼花了錢，有了自己的家之後，卻無法開心？

我在信中看到她傳來的新家照片，坦白說，其實挺漂亮的，雖然的確看到不少不太好用的訂製深櫃體，但由於他們的物品不多，所以就收納整理來說，應該不至於造成這麼大的焦慮。

當時我跟她聊了一會兒，提醒她也許問題不是出在空間，而是她對那個在裝潢過程中一直妥協的自己不滿意。我請她先冷靜，看看自己從原先只有一個房間到現在搬出來，有了單層公寓，是多麼值得慶幸與感恩的事情啊！

後來終於和她碰了面，見到她時更印證了我的想法，她們家很漂亮，家具也有品味，收納籃也挑選得很好。該整理的地方，幾乎都已弄得差不多了，但是為何她還是如此憂傷？

我巡視完她家中所有區域後告訴她：「你已經弄得很棒了，如果要我幫你弄得更完美也不是不行，只是沒有意義。況且你的物品又不多，我真的不建議你再花錢

和心思在鑽研收納上了，今天我不會跟你收尾款，就當
我來陪你聊聊天吧！」

誠實面對找不到出口的怒氣

　　她跟我分享起自己向公司請育嬰假的事情。由於離
開公司的時間過長，原本的職位已經被別人取代，假如
她要回去上班，只能被迫接受自己不喜歡的職位。

　　對於這樣的安排她很無奈，但氣在心裡又說不出來，
不知道該怎麼選擇才好？再加上好不容易搬出了婆家，
與丈夫、孩子有了獨立的空間，卻再一次因為無法準確
表達自己的心聲，而得被迫接受這些不甚滿意的裝潢
設計。

　　看到這裡，應該能猜出她焦慮的源頭是什麼了吧！

　　其實她最不滿意的是自己。她給我的感覺是個有能
力、不滿足於當家庭主婦的女人，因為對自己的現狀不
滿，對未來的人生方向覺得迷惘，所以每天都把時間和
專注力放在家中整理的細節上。同時，無論是在職場或
是在設計師面前，她都沒有勇氣說出自己真實的想法，

只能吞下委屈和怒氣。

　　我告訴她，2015 年 8 月我從最後一份工作離職後，當時 35 歲的我覺得前途茫茫，因為自從我出社會以來，已經換了三十幾份工作，始終找不到可以讓自己完全投入熱情的志業，以至於在當時趁著家裡裝潢忙碌為由，離開了業務副理的工作。

　　那半年的我，每天在家裡幫老公做便當，想嘗試一些沒做過的事，所以看書自學烘焙（事後證明那也不是我的熱情所在）。覺得無聊時，就拿條抹布東擦西擦，打開櫥櫃調整物品的方位，雖然每天都把家弄得很乾淨漂亮，但是我很不快樂，心裡很慌，因為真的不知道自己還能做什麼。

　　難道我就這樣了嗎？於是，即使家裡再美，還是會對老公和貓狗發脾氣，其實我氣的，是那個無所適從的自己。

　　我問她：「你一定也是個要求完美的人吧！」

　　她沒否認。

　　我後來告訴她：「你要開始把專注力移到自我發展上，對這些整理的要求，你應該要到此為止，因為你真的已經弄得很不錯了，就算把家裡弄得像樣品屋一樣又

如何，你的焦慮就會停止了嗎？不會的！不如去尋找你的熱情，想想你有什麼強項是做得比別人好，然後就朝那個方向去發揮。當你對自己滿意之後，家裡現在你看不順眼的事情，都會變得不再重要了！」

她接受了我的建議，但她也提到，還是很希望我能幫她在新家規畫出一個專屬區域，可以讓她在夜深人靜時寫寫字和用電腦。於是我在她有限的空間內提出了三個方案，讓她今晚先拿著客廳的折疊桌分別去試試看，感覺一下比較喜歡哪一種方案，等確定了方向之後，再去挑一張美麗的書桌，就能擁有個人專屬空間了！

沒想到我在當天晚上就收到她傳來的照片，她已經把桌椅就位，看起來效果很不錯，希望她能找到開啟人生新方向的靈感。

如果你也跟她一樣，已經化了許多工夫把家整理到不能再整，卻還是感到焦慮，不妨先暫停下來，拿出你慣用的記錄工具，回溯一下最近的生活是否有發生一些讓你不順心的事情？而你對這些事情的想法是什麼？其中有沒有共通點？也許你能透過自問自答中，找到更貼近真實的答案！

未察覺混亂的根源：長輩需換屋的警訊

　　有些空間雜亂的案子，並不是光靠整理就能徹底獲得改善的。例如格局不良的問題，或是居住的人口數和物品數量，已超出空間的最大限度，還有一種就是室內裝修的櫃體、風格或是現有家具不符合居住者的需求。

　　上述的情況，特別容易出現在買中古屋或是租屋族群的身上，為了省錢而選擇將就沿用別人留下的規畫，就像是穿了不合腳的鞋。

　　即使當年室內裝修時，是按照自己與家人的需求所做的設計，但隨著歲月流逝、居住人員的流動……等因素，使得人生階段性有了重大改變，過往覺得「完美」的空間，已變成如今的災難。這時候，就必須往「整理以外」的思路去解決問題了。

長期睡沙發的母親，原因竟是樓梯

　　幾年前曾收到一張到府預約單，委託人表示在過年期間帶著孩子回娘家住，看到家中變成極度凌亂、不健康的環境，很擔心獨居的母親是否心理生病了。由於她嘗試過幫母親整理，但是沒過幾天又恢復原狀，於是傳來家中照片，問我該怎麼處理？

　　那間房子是有著四層樓的透天厝，二樓以上的環境與一樓的公共區域，有很明顯的差距。在仔細看過每一張照片後，我認為她娘家的「混亂源頭」並不是傾向病態的囤積行為，於是就與委託人深聊了一些細節，才得知她母親因為已經 60 多歲，漸漸的不喜歡爬樓梯，因此只把整棟透天厝的一樓當作主要生活空間。

　　但由於當年購屋後並沒有做收納櫃，一樓只有客廳、廚房和一間廁所，沒有臥室，導致各處散落大量的衣物與生活用品，從客廳沙發的周圍、茶几、走道、延伸到通往二樓的梯間，全都是觸手可及的雜物。

　　據委託人描述，她母親已長期睡在沙發上，不願意回到樓上的臥室。委託人也透露，母親有整理空間的意願，只是亂成這樣已經不知該如何是好，而委託人想幫

忙也無從下手。

我考慮了幾天，決定給予這位委託人三個「非整理技巧」的建議，因為這種類型的個案並不少見！

1. 替獨自住在透天厝的母親，更換只有一層樓的小房子（協助換屋）。

2. 如果無法搬家，就看看有沒有改善一樓空間的可能性，例如隔出一間臥室和增加收納櫃。

3. 請先和母親聊聊天，聽聽她真實的想法，並且和母親提議換屋搬家的可能性，看看母親有何反應？至於動手整理，那是之後的事情了。

寫到這裡，我必須提一下，「**整理**」、「**動線**」、「**生活習慣**」這三件事情是綁在一起的！

整理、動線、生活習慣三者密不可分

如果你的居住環境已經整理多次，但是卻超容易復亂，除了省思一下是否物品過多之外，也需要想想，問題是否出在「動線」上！

人的一生很長，對於居住空間的需求，會在不同年

齡層有階段性的改變，如果當年購置的房子已經不適合現在的你，除了反覆整理找原因之外，其實可以想想換屋或是重新裝修的可能性。

以這個例子來說，委託人的母親上了年紀後，變得「不喜歡爬樓梯」，所以多層樓的大房子對她來說已是負擔，當她為了想要生活得更方便時，理所當然就會把所有東西都堆放在「好拿取但卻沒有收納空間」的一樓，甚至寧願睡沙發都不願意走到樓上的臥室。這些都是硬體問題需要改善，已經不是靠分類和重新定位物品就可以解決的。

如果在此時勸她斷捨離也不太實際，因為現狀就是她把原先散布在各樓層的生活用品，全都集中到一樓使用了。況且這位母親也才 60 幾歲，如果往後還有三十年的壽命，那麼這間房子所帶給她的痛苦，絕對會一年比一年糟。

與其在這樣的環境下生活，還不如換一間只有一層樓的小坪數房子，讓所有動線變得更加順暢，去任何空間都不用走太遠，整理打掃起來也相對輕鬆，賣掉大房子的餘款，也可以作為母親的養老金。

以「描繪未來的美好」與長輩談變動

不過委託人也提到，老人家「一定不願意」變動。聽到她的結論，我也跟她分享自己在 2021 年替父母從五樓舊公寓搬家到電梯大樓的經歷。

「我的父母本來也不願意變動，那是因為他們當時沒有看到改變之後『可能的美好』，所以我們做兒女的，要描繪那個理想的可能性讓他們知道。」

我建議委託人，先與母親聊一下目前生活上的困擾，商談之後才能確立是要朝重新裝修一樓的方向改善，還是乾脆換一間更適合老年獨居的住宅？無論選擇哪一種方式，都需要先花一點時間做功課，讓母親理解「雖然變動的過程會有點辛苦，但你未來的生活一定會比現在好很多」的可能性。

假如母親不願意搬家，也許可以先找室內設計師討論、畫圖、做預算評估，看有沒有可能把母親生活所需的空間全都「濃縮」到一樓？如果這樣的規畫成功率不高，或是太花錢費勁，那就請委託人辛苦一點，替母親尋覓一下合適的小坪數電梯房。

自己先去看過之後做初步篩選，然後再找出其中幾

間帶母親去看看，並列舉搬到新家的各項優點，讓實際的畫面取代原有的空想與恐懼，就有機會動搖母親原本不願意改變的信念。

至少當年的我幫父母換屋時就是這樣做的，而我成功了！

當我們想改變一件事情的時候，要盡量找出問題的源頭，而不要一開始就把「不可能」放在最前面。盡可能多嘗試，一種方法不行再換另一種，雖然比只解決表面問題困難了些，也會比較費時費工，但是當達到目的之後，你會發現完全值得！

你為自己的願望做了什麼？

並不是所有委託人都能請整理師到家中進行長時間的協助，有些人是因為同住家人反對讓外人進屋翻箱倒櫃，有些人則是沒有足夠預算聘請整理師全程陪伴。另外還有一類人是自認有執行能力，但缺乏整理計畫與邏輯，只需要整理師提點一二，便可自行動手。

所以這幾年，我花比較多時間接純諮詢的個案，替上述這些類型的委託人制定整理計畫。然而我也觀察到，在無人從旁督促的情況下，光是聽取建議就能自行達成目標的委託人，只占了百分之五十。

他們之間的差異不外乎就是兩點：

1. 行動力。
2. 想改變的動機是否足夠強烈？

拖延,是因為現況還不夠痛

　　說真的,每一位預約諮詢的委託人在與我接觸初期時,都表示自己對於家中現狀有多麼的忍無可忍,並且在聽取建議之後,也會信誓旦旦的保證,一定會按部就班如期完成。但是只要開始進入執行階段,無法成功的那百分之五十,總會用一大堆理由阻止自己行動!

　　「最近心情不好,所以無法花心思在整理上。」

　　「我執行力不夠啦!下班後和假日只想躺在家睡覺和放空。」

　　「小孩學校的活動太多,我假日都要陪同參加,實在是撥不出時間。」

　　「已經開始斷捨離不少東西了,但那些不要的物品還堆在門口沒送出去。」

　　「工作之餘的休閒時間,我都安排了要去運動和做瑜伽,至今還沒開始整理。」

　　「屋子裡的東西我實在無法捨棄,我想先看幾本『不用斷捨離就能整理』的收納書,再思考看看該怎麼做。」

沒有一條通往理想的道路是好走的

　　這些人明明能預想到改變後的生活會有多美好，但就是過不了眼前的難關！

　　想要舒服溫馨的家，但是捨不得丟棄已經堵塞行動空間的物品；想要改善凌亂的居住空間，但是不願意安排時間整理；想要家中的物品離開地面，都有專屬區域可去，但是又不想花錢買合適的收納家具。這些人就在這些不快樂中，日復一日的生活在自己雜亂的舒適圈裡，然後到頭來再抱怨自己的生活不如意。

　　我曾問過好幾位家中混亂很多年的委託人，在過去的那些日子當中，他們曾為了理想中的居住環境做過哪些努力？之所以這樣提問，一來是我想避開他們曾經試過的方式，再給予新的建議，或者可以從他們過往的行為中找出盲點，探究失敗的原因。

　　但是很可惜，我最常聽到的答案都是：「一直都有想改變的念頭，但卻因為 XXXX（各種原因），所以進度非常緩慢（或是什麼都還沒做）。」

　　如果願望可以不費吹灰之力就實現，當然每個人都會快樂許多，但是這個世界的運作，就是得先跨越種種

荊棘，才能到達理想的彼岸。

心之所向，身之所往

　　每一種困難都會有對應的解方，如果真心想要改變，一定能找到動力和方法。那些讓人無限拖延的原因，無非就是現狀還不夠痛，或是想整理的決心還不夠強烈。

　　如果你發現自己正在被行動和拖延來回拉扯，面對一團亂的家出現了自責情緒，請先停下來，審視一下自己到底是為什麼想要改變？問問自己，如果就這樣維持現狀，不整理會怎樣？如果答案是不會怎樣，得過且過也行，那就請先放過自己。

　　但如果你能找出足夠強烈的整理動機，接下來就得為你所期待的未來制定計畫：**停止逃避、騰出時間、按步執行，是達成目標的唯一方法，沒有捷徑。**

時機未到，不一定非得要整理

有一種求而不得是因為時機未到。

無論是對某種特定物品放不了手，或是想要改造某個空間未果，都有可能是因為當下的時機點不對，因而導致停滯不前。尤其是同住成員較多或是持反對意見時，更容易出現這種情況。

我曾在上一本著作《走進陌生人的家》中寫過改造自己新婚房的部分過程，從一間儲藏室開始，到客廳、廚房，再到浴室和四間臥室，前前後後總共花了十二年，才把一間我原本不太滿意的房子，漸進式的整理成我喜歡的樣子。

之所以會耗時這麼多年，是因為一開始我基於經濟能力有限和家人的阻礙，無法一口氣進行大整理，所以只能先有計畫性的儲備積蓄，同時也等待每隔幾年的生活需求出現變化時，才有條件去說服另一半接受我的提議。

後來只要在工作中遇到相似情況的委託人，我總會

舉自己的例子安慰他們，不要因為當下的挫折而氣餒，隨著時間的推進，現在做不了的事情，不代表永遠做不了，我們先在可以行動的範圍內做些改變，剩下的就是等待「**對的時機**」！

舉例來說，我們家某一個房間的吊櫃裡，曾經儲放著大量的嬰幼兒衣物和玩具，書櫃中也有不少與孩童教育相關的書籍，問題是：我和老公並沒有小孩！

這些物品幾乎都是我老公的家人們在我們婚後的十幾年之間，陸續送過來的恩典牌（二手物），他們期望讓我們未來的孩子可以承接使用，我老公也是樂於接收。

只是對我來說，前幾年對這些東西充滿感謝，到了後幾年，已是滿滿的壓力與無奈，因為我們夫妻倆共花了十一年的時間到處求子，無論是吃一堆中藥、求神拜拜、大清早排隊拿金鏟子，外加三次的不孕症治療，全都沒用。

我曾想過淘汰掉這些我們根本就用不上的東西，但是我老公不讓我丟，即使那些潔白的嬰幼服已逐漸布滿黃斑，聲控玩具已發不出聲響，它們依舊在我們的衣櫥吊櫃中寂寞地躺著。

2018 年之前，我其實已經將家中大部分的區域都改

造整理完畢，整間房子幾乎已經沒有讓我不滿意的地方，除了最後一個房間。

那個房間是我們家中功能最不明確的空間，初期它是雜物間，後來曾變成我的裁縫室，幾年後又變成了雜物間，之後經過一場大整理變成了客房，但因為來訪的親友太少，最後成了我的工作室。

但其實我總是幻想著它有一天能成為嬰兒房，因為它是全家最安靜的房間。所以無論過去那些年我如何整改那個空間，幾乎都是用活動性強又便宜的家具，因為對未來的不確定性實在太高了！

隔年 2019 年 1 月，機緣巧合下認識了一位不孕症名醫，在與老公協商之後，當時已滿 39 歲的我，做了最後一次不孕症療程的嘗試。我們說好，若是這一回再不成功的話，往後的日子裡就放棄生孩子這件事。整個療程進行了三個多月，無奈的是最後依舊以失敗收場。

那次療程最難熬的階段，就是等待驗孕的那兩週，心中浮現無數的小劇場，還默默想著如果終於成功的話，我要把那間「嬰兒房」刷成什麼顏色、買什麼樣的多功能家具回來給寶寶用……。

然而在面對驗孕結果後，我陷入低潮長達數週，加

上療程期間體重增加又水腫，衣櫃裡的衣服幾乎都穿不下，更讓我陷入憂鬱的情緒中。

把與執念相關的物品丟光後，才能徹底放下

於是某天晚上，在我大哭了一場之後，花了一小時把家中所有與孩子相關的衣物全數翻了出來，逐一將它們拍照上傳到社交平臺上大方贈送。

整個過程我老公都心疼的看在眼裡，最終也同意了我的決定。很快的，那些堆放在我家十幾年的嬰兒用品，在不到一天的時間裡，全都送出去給有需要的人了。

這件事讓我有了很深的感觸，我們有時候丟不了某些物品，是因為還有盼望！比如發福前穿的漂亮服裝，丟不了是因為總覺得也許哪一天會瘦下來；有些人還留著前任送的禮物，也許是盼著哪天復合時，還能跟對方說：「你看，你送的東西我沒扔，因為我一直在等你回來！」

而我，十幾年沒丟的嬰兒衣物和教育刊物，潛意識中其實也在盼望著，也許有一天我們會有孩子。殊不知這些執著，阻礙著我們前進，讓我們不相信人生中還有

其他的可能性。

　　但當我因絕望而終於能捨棄這些東西的時候，我的情緒突然好多了，因為我知道接下來的路該怎麼走了。

　　在對的時機點清除掉那些孩童衣物後，「當媽媽」這件事也被我徹底拋下了。

　　人生中還有很多身分可以去挑戰，何必執著於我得不到的呢？也許老天爺不給我孩子，是要給我更多的時間去完成其他事！也正是因為這個念頭，我在同年4月份，決定要賦予那個房間一個正式的功能，讓它成為我的衣帽間＋工作室＋舞蹈運動室三合一的專屬空間！

　　本來老公還勸我：「這房子已經有年紀了，你要弄衣帽間可以用幾個便宜的層架就好了，壞掉的衣櫃門我可以幫你釘回去，何必再多花錢呢？」

　　我告訴他：「這是我對『媽媽身分』道別的方式，從今以後我只向前走，生孩子這件事已經從我的人生中過去了。還有，這些年我為了求子，讓藥劑摧殘自己的身體，這樣的付出已經足夠，既然現在確定不會有嬰兒房，接下來我要善待自己一點。那些快解體的梳妝臺和衣櫃門，我不想再將就，我認為自己值得擁有一個夢想中的專屬空間，這筆錢我花得很愉快！」

當他明白這是一種宣示之後，也就不再阻止我了。
於是幾個月之後，我終於完成了家中最後一個房間的整
理改造！

當然，上述所提到的個人經歷，因為我的自主權還
算大，需要商量的對象也只有我的伴侶，雖然耗時很多
年，但過程其實沒有很複雜。

如果在共同居住成員較多的情況下，想對生活空間
進行改造，無論是整理、搬遷或是裝修，都會影響到多
人的生活與利益，通常家庭的成員愈多，執行的時間會
拖得愈長，因為要針對每個人各個突破，所以對的時機
點會變得更難掌握，再加上如果大家對未來願景的想法
不同，就會變得更麻煩。

這種情況下，建議可以先與家中掌權（錢）者溝通，
在取得共識之後，由此人發號施令，整合進度將會順利
許多。

無論如何，別急，相信每件事的發生都有其對的時
機，就能平復人生中大部分的焦慮。

本章重點整理

1. 改變的核心永遠是在自己身上。

2. 選擇伴侶等於選擇你未來的生活方式。

3. 不要去跟你無法改變的現狀對抗，換個方向徒手創造你的人生。

4. 不要浪費時間在無意義的事情上，誠實面對自己內在的聲音。

5. 因應生命中階段性的變化，居所也需隨之調整。

6. 用描繪未來的美好方式，與長輩談變動。

7. 拖延，是因為現況還不夠痛。

8. 有時候丟不了某些物品，是因為還有盼望。

9. 相信每件事的發生都有其對的時機。

10. 停止逃避、騰出時間、按步執行，是達成目標的唯一方法，沒有捷徑。

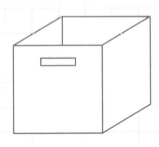

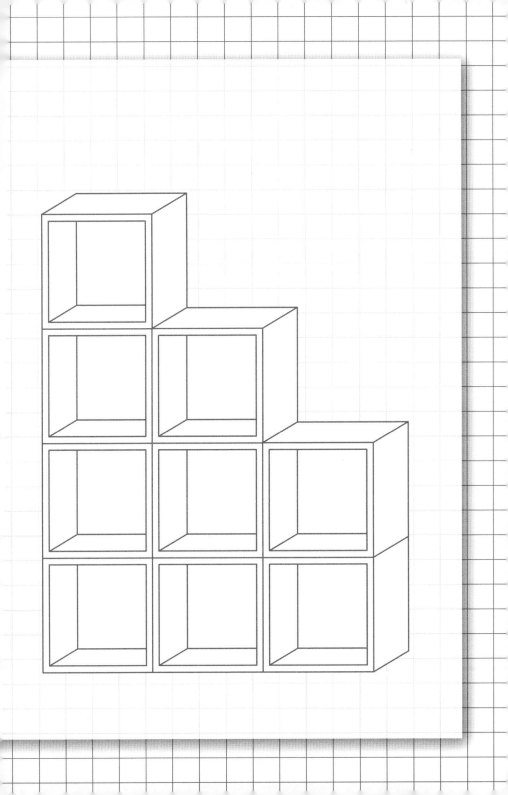

因比較心態而整理，將落入無底洞

像樣品屋般美麗的房子，或是五星級酒店裡的精緻套房，相信人人都喜歡，但是如果真要長時間在裡面生活，就不見得適合每個人了。

你的家是真的亂？或者，你只是怕跟別人不一樣呢？

幾年前，我曾接到一個讓我印象非常深刻的到府預約。信件的那一端用詞小心翼翼，當我請她提供家中現狀照片讓我評估時，她回應：「我家裡很亂，還沒準備好拍照給你看，我會自己先整理一段時間之後再拍，而且由於我非常注重隱私，所以希望到時候不可以把照片流出去。」

類似這樣的來信，我並非第一次收到，事實上，很多委託人都以為自己家是最亂的，殊不知有一些案子在我們看來真的還好。所以當時我以為她應該也只是因為害羞，心理上還沒準備好，所以我也就沒催促她。

兩個月後，我再度收到她的來信及家中照片，她告

訴我，自己已經努力整理了很久，終於到了可以請我進門的狀態。

打開門，映入眼簾的是個小巧的客廳，再來則是餐廳，兩廳加起來共有四座大型的頂天櫃（包含餐櫃、電視櫃、衣櫃），在空間上有點壓迫感。由於是近乎四十年的老房子，所以頂多就是在一些大型家具和硬體設備上看得出歲月的痕跡，此外，櫃子裡的東西有點多，但是看起來並不亂，完全都已被分類整理過。

當時我看不出還有什麼地方需要再整理。

委託人從我進門後就一直很慌張，坐一會兒又站起走來走去，說話的方式也略顯焦慮，感覺好像對這個空間已經無計可施了。

在我到府之前，她就已經很明確地說：「我整理後剩下的東西，我都捨不得丟，包含這些老家具，所以我希望您能在不叫我丟東西的情況下，給我一些短、中、長期的空間規畫建議。」

我環顧了一下整個空間，還有存在於現場的物品：客廳沒有沙發，餐桌是舊式摺疊桌，餐椅是辦公椅加凳子的組合，每一張的樣式都不同。沒有美感的原因就只是不協調的配色和材質所造成的，看得出來她非常念舊，

對每一樣東西都有特殊的感情。包含她使用的手機，是一臺螢幕已經破裂的舊機型。

我請她冷靜下來，坐下來好好聊一聊，因為已經看得出她的努力，我想知道她為何還如此緊張？

家，不是為了迎合別人

於是我問：「你在這個家住多久了？你喜歡自己的家嗎？」

她說自己在此住了大約 15 年。

「我喜歡我的家，這些家具和物品都像是我的親友，被它們圍繞我覺得很有安全感，我很喜歡待在這間房子裡，我連要出遠門時，都還會跟我的這些家具們道別，要它們好好看家。」

「嗯！很好，那既然你喜歡這個樣子，為何現在突然想找我幫忙？是什麼念頭讓你想要進行大整理？」我問。

「我想邀請好朋友來家裡吃飯小聚，已經說了很多年，但我一直爽約，因為總覺得自己的家並不漂亮，會讓我很丟臉。我去別人家時，看到別人的房子都像樣品

屋，國外朋友視訊傳家中照片給我看也很漂亮，但是我完全不敢分享自己家的樣子給她們看，我知道自己不能再拖著不整理，希望能在耶誕節之前把客廳弄舒適一點，邀請好朋友來家裡坐坐。」

聽到她這樣一說，我更明白她的情況需要先整理「心」。

於是我繼續與她聊：「為什麼你要對自己的家感到丟臉？如果這是你愛的地方，你愛自己的所有物品和這些丟不掉的大型家具都沒有錯，如果這個家能讓你感到溫暖和放鬆，為何非要迎合別人的眼光去累死自己？」

聽了我提出的問題，她一時語塞，想了一陣子後說：「我希望能擺一張沙發給我朋友坐。」

「你的客廳現在被好幾樣大型物品卡死了，如果想要擺得下沙發，必須先挪開門旁的大衣櫃，這就代表你的房間要清出一個空間放衣櫃，所以還要先確保床板上的裝箱雜物，可以在短期之內清走。這是牽一髮動全身的調整，如果耶誕節之前這一切都來不及完成，你能夠接受讓你的朋友坐在我現在這張餐椅上嗎？」

她說她明白，同時也知道為了放進一張沙發的願望，必須先做哪些累人的挪動，心裡也有個底，知道有可能

無法順利完成這個願望，所以心有點慌。

在愛中沒有評判

　　我有很多客戶，基本上都是到了忍無可忍的地步才請我去協助，通常他們對這些東西沒有愛，只剩下厭惡，希望透過大量丟棄物品來解決問題，以便能達到居住空間的改善。

　　但，這位委託人不一樣！

　　我繼續說：「我剛才問你，是否愛這個房子現在的樣子，你說愛，你說它讓你有安全感。如果這是一個讓你能真正感到放鬆的地方，我相信你的好朋友會接受你就是這樣，如果她不能接受，那應該不能稱為你的好朋友吧！」

　　「真正的好朋友，不會對你的居住空間指手畫腳，不會批判你的生活方式。」

　　聽了我的話，她有點驚訝地問：「所以……我就按照現在這樣邀請她來嗎？」

　　「當然可以啊！」我告訴委託人，如果整理不完，

是否接受只用一塊桌巾鋪在餐桌上，頂多加上一盆小花。

同時，我也告訴她：「你房子已經整理得不錯了，現在唯一要整理的，是你覺得羞恥的心。問問自己，為何你不能接受自己原本的模樣？」

聽了我的話之後，她的表情變了，似乎明白了些什麼。這天，我依然提供了許多短期、中期、長期的整理法與空間規畫，甚至是裝潢的建議給她。聊著聊著，她的焦慮不見了，臉上也漸漸有了笑容。

這天結束後，她非常積極的到我推薦的家具行看沙發，雖然她依然希望能朝著短期目標努力，但也不會再因為自己的房子而感到很難堪了！

隔天晚上，她寫了封信給我，信上寫著：「謝謝老師昨天的分享指導，讓我增加信心、悅納自己，並提供我許多資訊、經驗和創意，有你真好！」

幾週後，她傳來了客廳改造後的照片，入口的大衣櫃已經挪走，也添購了新的沙發床。

她，已經準備好要約朋友來家裡相聚了。

你，愛你的家嗎？如果愛，那麼，你為什麼怕別人不喜歡你的家呢？

空間的亂，可以透過專業人士的協助，比較好處理；

心裡的亂，必須得靠自己想明白。如果你愛你的居住空間，無論跟別人家比起來它是什麼樣子，就真心接納吧！

　　整理的目的不是為了攀比，不是為了競賽，而是為了更貼近真實的自己。

整理好累，為什麼要沒事找事？

　　曾經有一位跟我預約線上諮詢的委託人，她在找我之前，已經諮詢過其他兩位資深的整理師，但是成效有限。她告訴我，目前的住家已經亂五年了，她一直很想把家裡整理好，所以雖然她的進度可能會很慢，但是請我千萬不要放棄她。

　　當時我沒有問太多她與其他兩位整理師的溝通細節，但是心裡已經有了準備，因為像這種會一直換不同整理師的委託人，通常會是無法結案的主因。但是當時我選擇相信她的決心，所以沒有立刻拒絕她的預約。

　　當我們結束第一次的通話之後，我給她出了一些功課，並且要求她完成之後要傳照片給我看，如果一切順利，我再告訴她第二階段該怎麼做。

　　後來她並沒有如期完成作業，其實我對於這樣的結果並不意外，所以也沒有主動聯繫催她。一直等過了半年之後，我才詢問她目前整理的情況如何？她告訴我，

因為那半年在生活上遇到一堆煩心事，所以才導致進度落後。

於是她跟我預約了第二次的視訊通話，想弄清楚自己到底是怎麼了？

在我們第二次的通話中，我沒有回應她是否該調整空間規畫的問題，而是看著她依舊一團混亂的家，問她到底是為什麼想要整理？她講了一些原因，但是在我聽來，這些原因的動機都不夠強烈，於是我問她：「既然你家裡都亂這麼多年了，如果就繼續這樣下去，你覺得會怎麼樣？」

在我們來回討論了幾分鐘之後，她終於說出答案：「好像也不會怎麼樣！」

「那就對囉！這就是你一直拖延的原因！所以在你找出真正想改變的動機之前，我們都先緩一緩吧！」我說。

> 「沒有人會在沒有強烈動機的情況下去為難自己，而大整理，就是一種為難！這也代表著，能讓當事人徹底改變生活狀態的人，只有他自己！」

除了上面那種動機不明的委託人之外，我還遇過不少人是想請我去整理他家人的空間，只因他個人認為對方需要且必須整理。但是在對方認為無所謂的情況下，任何人去插手介入都是沒有意義的，而且容易復亂，所以我時常會用上面兩句話送給這樣的委託人，並且告訴他們：請先去幫對方找到「改變的動機」。

前面我提到「**大整理，就是一種為難！**」，因為要先想清楚自己到底要什麼，然後開始做計畫，還要做最痛苦的斷捨離，再來還得將物品重新分類定位，這個環節甚至會讓家裡變得一團糟，最後可能還得從存款裡撥一點預算，去買新的家具與收納用品，才能讓整個過程完美落幕。

更別提在整理的期間會耗費大量的體力、腦力與金錢，所以總得有個埋由去經歷這一切吧！不然誰不想休假時在家裡躺著就好，反正都亂這麼多年了，再繼續亂下去有差嗎？

在我過往指導過的各種案例中，有些人整理是為了自己想要有專屬空間，有些人是為了想與家人更親近，有些人是遇到了重大挫折想換換運氣，有些人是為了健康與良好的休憩，有些人是為了要賺錢與增加財運，也

有人是為了搬家、換屋或重新裝潢。而後面這幾種是更大的變動，施作起來也會更累、更漫長，所以他們也需要有更強烈的動機，去推動他們的行動。

如果你很想幫助身邊的人改變當下的居住環境，但是對方覺得沒有必要，那你能不能挖掘甚至是替對方創造動機呢？答案是可以的。但是一定要等到「**對的時機**」，並且需要經過與對方深談後，了解對方到底在乎什麼、害怕什麼、對於現狀有沒有不滿的地方，以及對方目前生活裡各項事物的優先次序。

當你找到對方的痛點或是最有力的切入點後，可以試著向對方描繪改變後的可能性，然後在你的能力範圍內，盡量替對方排除疑慮與困難，如此便可大幅提高成功的機率。這個部分可以參考第五章，我幫父母換屋和幫老公把房子分租的親身案例。

不過，我還是建議只能將以上方法用在兩種情況下：

1. 對方是與你同住的親人，如果不整理居住空間，也會影響到你的生活，而你現階段沒有離開的選項。

2. 對方是你沒有同住的親人，但是如果對方的居住空間不改變，日後會給你造成極大的麻煩。

　　也就是說，除了親人以外，不要輕易去插手別人的生活，在對方主動開口詢問你解方之前，盡量別好為人師，免得勞心勞力之後還會被責怪。

　　記住！**唯有當改變後的可能性有足夠的吸引力時，才會撼動一個在原地的人前進。**

0 到 100 的行動：從練習規律開始

　　我曾在某一年的年底，接到一個整理諮詢案，委託人獨居，家裡從玄關開始一路到客廳，桌面和地面都堆放著雜物，大量的書籍、衣服、紙箱……等，把屋內兩個房間的門堵到只能開 45 度角，全屋的物品數量，大約已經逼近「囤積量表（Clutter Image Rating）」的第六級，她說家裡被她弄成這樣，是因為自己懶加上沒撥出時間整理所造成的，聊到這裡時，感覺到她還挺有自覺的。

　　她說自己平時工作很忙，由於是自由業，雖然工作時間可以自行安排，但是每天都要外出寄貨，偶爾還要到國外出差，但她還是希望能在隔年八月底生日以前把家整理好，因為目前家裡的這個亂象，已經讓她有點無法忍受了。

　　由於她家當時的物品已經超量太多，在評估過她的綜合狀況之後，我建議她要自行先從物品減量開始逐步執行，而且不能等有空時才慢慢處理，必須每週至少安

排固定的一天（例如每週六），專注地做這件事情，淘汰日當天最好不要再被別的行程打斷。

她問我：「為什麼要安排固定的時間做整理？不能在工作之餘再做斷捨離嗎？」

我回她：「也許別人可以，但是你不行！因為你自己已經訂下了最終完成日（隔年生日前夕），而且你過去沒有整理的習慣，所以需要先從固定時間開始培養，讓身體和大腦變得有紀律！」

接著，我跟她分享了一個我的心得。

以前我幾乎不運動，秉持著能躺就不坐、能坐就不站的原則。水也喝得很少，再加上飯後總是想睡，就習慣性坐在沙發上休息，於是這幾年代謝變得愈來愈差，體重也從五年前的 46 公斤，變成了現在的 53 公斤。

明知道自己變胖和肩頸疼痛的問題，其實可以靠運動、控制飲食和多喝水來改善，但我總是給自己找很多藉口：沒時間、很累、懶得動、流汗皮膚會癢、肩頸脖子全身痛不想運動……

然後看著自己愈來愈腫的身形，開始認命地斷捨離一堆再也穿不進的合身衣服，再用擺爛的心態，添購了一些寬鬆舒適的洋裝做替換，接著說服自己：「沒關係

啦！年過四十變胖很正常！」

　　就這樣，我決定與自己不甚滿意但勉強可接受的身體繼續相處下去。

　　直到我在前一年五月底確診了新冠肺炎，康復後體力大不如前，喉嚨每天乾癢咳個不停，還一度失聲五天，嚴重影響我的教學和到府指導的工作。為了想要盡快恢復健康，再加上六月底已經安排好要拍攝新的形象照，我終於有了想改變身體的急迫性。

　　於是，從六月初開始，我逼迫自己每天起床後和洗澡前拉健腹器共 30 下，飯後站著做手臂健身操和拉伸運動 10 分鐘，並且每天一定要喝至少 2000C.C. 的水。

　　頭幾天執行時我感到相當痛苦，因為身體過去並沒有這樣的習慣，但是當我堅持了一個星期之後，我明顯感覺到身體狀況慢慢有了改善。到了第二週，我開始覺得只要一天不做這些鍛鍊，反而會感到難受。再過一個月之後，雖然體重沒有減少很多，但是身形已經變得好看一些，新的形象照拍得效果也很好，而且，我的肩頸竟然也沒有以前痛了。

　　我告訴委託人：「之前無論有多少人告訴我『你該運動』，但我就是聽不進去，直到我再也受不了現狀而

真心想改變時，那些以前的藉口都不再是阻礙了。那你呢？你說想整理房子的急迫性是真心的嗎？如果是，就從強迫自己養成固定的新習慣開始吧！」

她接受了我的建議，訂下每週固定時間進行斷捨離的約定。

整理其實跟減肥很像，若是沒有極強的動機，一般人很難臨時起意去執行。而整個過程又同樣都會讓人感到不適與煩躁，但只要願意立定目標，並從規律中培養成為習慣，通常都能得到你想要的結果。

所有的捨不得都要付出代價

　　這句話我有寫在上一本著作《走進陌生人的家》裡，但是並未著墨太多，主要是這「代價」二字，可輕可重，在一段章節中無法多談。

　　對一般人來說，捨不得某些特定物品，只要不影響到生活空間，並不用付出什麼代價。但是對於有囤積傾向的人而言，無論本人對這些物品有沒有感覺，不願意對過量物品放手的代價，輕則是縮減生活空間，重則會影響到個人氣運、金錢損失、家人或夫妻之間感情，有孩子的人，還會影響到孩子的人生。

　　我曾收到一個到府預約，委託人是一位職業婦女，她提到因為預計要在孩子放暑假期間搬家，但是全家狀況一團亂，她認為靠自己慢慢整理一定來不及，所以想問我能不能幫幫她？

　　而從她傳來的全家照片中，我看到到處都堆積著大量的物品，有些區域只剩一條走道，有些空間物品囤放

的高度，甚至已達到逼近 180 公分高的小山。

　　她承認這個現狀幾乎都是自己造成的，而且沒有淘汰過任何東西，因為有捨不得的心魔，所以她的先生和孩子也沒有辦法幫她決定這些物品的去留。

　　她訴說的家中物品堆積成山的起因，然後提到自己也非常受不了現狀，很想趁著搬家的機會，給家人們一個全新的開始。

　　我問她：「你理想中的家是什麼樣子？」

　　她說：「我希望能整理成像老師 FB 上你家的照片一樣，這樣會不會太奢求？」

　　我對照了一下她所填寫的預算、心願和每一張現狀照片，加上她說自己只能獨自淘汰兩成的雜物，所以希望整理師陪伴。

　　我最終跟她說了實話：「搬家前後階段的整理，我有可以幫你省錢的方案，但是……斷捨離是最花時間的階段，如果每樣物品都得由我陪你慢慢決定丟或不丟，你的預算可能就已經花完了，更別提後續的搬家和定位整理。」

　　於是我建議她，自己可以如何操作，像是不要檢查每一樣東西，先從堆放在最表層的新物品中，選取一定

要帶去新家的東西，而那些被壓在底層、早已被遺忘的物品，連看都不用看了，直接捨棄，這樣才有可能在七月份順利搬家。

隔了一個月之後，我問她進度如何？

她說：「是有開始動起來了，但是速度很緩慢，因為太忙了，沒時間整理。」

我問：「你除了平日上班，假日的時間用在哪裡？」

她說：「孩子假日的活動很多，我都要陪著參加。」

我問：「如果你不去會怎樣？」

她說：「不能不去啊！那些活動都很重要。」

我問：「是嗎？如果你不去會怎樣？」

她想了一下：「你是說……讓孩子的爸爸去嗎？」

我繼續：「我就問，你不去會怎樣？」

她沉思了一會兒。

我說：「你上次說七月要搬家，照現狀聽來肯定是來不及了吧？」

她說：「對啊！我也覺得好煩惱，不知道該怎麼辦。」

我說：「如果七月不搬可以嗎？延期會怎麼樣？」

她說：「雖然延期也是可以，但最好還是趁孩子暑

假搬家比較好，不然九月孩子要升學了，也需要適應新學校的生活，到時候可能更忙，無法搬家。」

我說：「所以如果七月不搬，就代表著你家的現狀會延續下去，更有可能會拖到明年，這就達不到你說的目標，給孩子們一個全新開始——理想的家，對吧！」

她點頭。

我又問：「那麼我再問你一次，如果你從未來看現在，六月份假日孩子的活動你不去會怎麼樣？」

她終於說：「好像……也不會怎麼樣。」

我說：「對啊！就是不會怎麼樣，所以你不要拿孩子的活動當沒時間整理的藉口！你明知道你的潛意識在逃避，你如果真心想要改變，首先要承認自己在逃避！」

她說：「老師……我是不是應該去看心理醫師？斷捨離真的太難了，我很難放下那些東西。」

我說：「對！如果今天你的時間很充裕，我的確會建議你先去心理諮商，因為根源的問題不解決，整理師也幫不了你。但是你的優點是，至少比起其他囤積者來說，你已經有病識感，而且也已經開始行動了，這是很值得鼓勵的事情。」

我繼續說：「你有沒有問過孩子和丈夫，對於家裡

現狀的感受？」

她說：「沒有耶！因為連我自己都受不了了，我覺得他們應該也很難受吧！」

我建議她：「其實你可以找一天和家人們坐下來聊聊，問問他們對於你把家裡堆成這樣的想法，還有他們理想中的家是什麼樣子？如果你聽到孩子的答案是負面的，那你就會發現，比起身為母親的你下決心改變，什麼六月份假日的親子活動一點都不重要了！」

我說：「如果你認真看待七月要搬家的目標，並且拿你的假日付諸行動整理，一旦你成功了，將來等你孩子長大後，他不會記得自己在當年的六月份跟你去參加了什麼活動，但是他絕對會記得當年的暑假，媽媽變得不同了，因為媽媽終於把他們帶到一個沒有把雜物堆得像山一樣的新家！」

她說：「天啊……我好想哭。」

我說：「你要知道你現在的任務有多重要，你的囤積行為，會影響孩子日後看待『家』的方式還有價值觀。最可怕的是，如果當孩子習慣了住在這樣的環境裡，他會認為這沒什麼大不了的，日後他的人際關係、工作態度，還有婚姻關係都會受影響。我不是在跟你開玩笑，

因為我聽了太多囤積家庭的行為複製模式，所以……現在你覺得是那些物品重要，還是你的孩子重要？你好好思考一下是不是還捨不得吧？」

其實她不是第一個有囤積傾向，然後找我協助，事後又因種種因素拖延或停滯的委託人，因為說真的，這種類型的個案成功率真的很低，低到像 TLC 頻道有個《沉重人生》（My 600-lb Life）節目，裡面每一個重達幾百公斤，胖到無法行走、出不了門的人，也都是嘴上說要減重，但做的事情沒有一樣跟減重有關，也難怪他們總能把節目中的醫師 Dr. Younan Nowzaradan 氣個半死。

不可否認，無論是減身體的重，還是屋子裡的重，都是非常非常困難的事情。那些少數能成功的人（不到5%），一定都得有強大的動機，還有置之死地而後生的決心，比方說，如果不減肥就沒剩幾年好活，這樣他們才有可能從累積多年的慣性行為中，殺出一條血路。

在《沉重人生》節目中，Dr. Now 前期能提供的協助也是有限的，評估求助者的健康狀況，給予減重飲食計畫、訂定目標，但是最重要的，還是求助者自己要管住嘴巴、控制熱量，並且要適度活動。如果求助者自己都不願意讓身上的大量脂肪離開，那麼即使 Dr. Now 再有愛

心和耐心，也會放棄治療。

　　同理，整理師對待囤積者的求助也是一樣，我給予整理方案、訂定目標進度，然而如果當事人還是不願意對物品放手，那真的沒有人能幫得上忙了！

　　天助自助者，自助人恆助之。

內在整理（對自己的提問清單）

1. 你對自己目前的居住空間滿意嗎？
   □滿意　□尚可　□不滿意但可以接受　□快不行了

2. 如果請你給目前的居住空間打分數，從 0 到 100 你會打幾分？你的同住家人會打幾分？（檢視你和同住家人的標準值是否有差距）
   我的分數：＿＿＿＿＿＿＿
   同住家人 1 的分數：＿＿＿＿＿＿＿
   同住家人 2 的分數：＿＿＿＿＿＿＿
   同住家人 3 的分數：＿＿＿＿＿＿＿

3. 如果你對目前的居住空間不滿意，原因有哪些？請條列式寫下來。
   ＿＿＿＿＿＿＿＿＿＿＿　＿＿＿＿＿＿＿＿＿＿＿
   ＿＿＿＿＿＿＿＿＿＿＿　＿＿＿＿＿＿＿＿＿＿＿
   ＿＿＿＿＿＿＿＿＿＿＿　＿＿＿＿＿＿＿＿＿＿＿
   ＿＿＿＿＿＿＿＿＿＿＿　＿＿＿＿＿＿＿＿＿＿＿

4. 上述那些讓你不滿意的原因中，有哪幾項是現階段的你有能力改變的？請勾選出來 (註)。

5. 你理想中的居住空間是什麼樣子？請用文字條列式描述或是畫出來都可以。

6. 如果你能把居住空間整改成理想中的樣子，會為你的生活和家人們帶來哪些好處和壞處？請分開寫下來。

好處：＿＿＿＿＿＿＿＿＿　＿＿＿＿＿＿＿＿＿

　　　＿＿＿＿＿＿＿＿＿　＿＿＿＿＿＿＿＿＿

壞處：＿＿＿＿＿＿＿＿＿　＿＿＿＿＿＿＿＿＿

　　　＿＿＿＿＿＿＿＿＿　＿＿＿＿＿＿＿＿＿

7. 如果你不做任何更動，一直維持現狀，你未來幾年的生活會怎樣？

＿＿＿＿＿＿＿＿＿＿＿＿＿＿＿＿＿＿＿＿＿＿＿＿

＿＿＿＿＿＿＿＿＿＿＿＿＿＿＿＿＿＿＿＿＿＿＿＿

＿＿＿＿＿＿＿＿＿＿＿＿＿＿＿＿＿＿＿＿＿＿＿＿

8. 回到第 4 題，針對那些你有能力改變的部分，你是否願意付出一些代價去執行？（包含可能需要為整理騰出時間、花錢、耗費精力）

☐ 我願意付出任何代價。

☐ 我怕我做不到。

☐ 算了，我放棄了。

9. 如果你願意，請寫下預計何時要完成上述的整理改造？（時間長短由你自訂）

_____

　　為了早日讓你的居住空間達到理想狀態，接下來，請跟著下一個章節的步驟，制定出最適合你的整理計畫！

註：在第四題的回答中，如果有些不滿意的原因是現階段的你無力改變的，無論是因為自身能力尚且不足，或是目前該問題能否改善的決策者不是你，都可以藉由儲備能力和耐心、等待最佳時機這兩個方式，做出更長遠的規畫。也許離完成目標的時間會長一點，但是只要你有準備，理想終將會實現。

從分批整理開始，也許比較容易

前面的章節有提到，「分批整理」是我最常推薦給沒時間與執行能力較弱之人的一種整理法，有別於將物品全部下架給人的煩躁感，這種整理法雖然速度會慢一些，但是同樣也能達到目的，並且較容易上手！

「分批整理」的做法是，鎖定要整理的區域後，第一步先將該區的收納空間分為上、中、下，或是左、中、右，可以依實際大小切成不同等份，分區域淘汰物品。

以下面這個收納櫃示意圖為例，你可以依照自己可支配的時間，也許今天花兩小時先檢視上面三個層板的物品，看看有沒有要淘汰的？如果有的話，直接拿下來放進預先準備好的紙箱或袋子裡，明天再花一小時檢視四個抽屜內的零碎物品，後天再花一點時間處理最下方有門片的層板區域，以此類推。

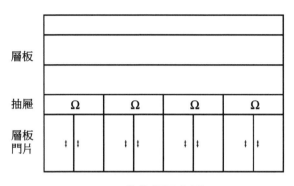

收納櫃示意圖

　　這時候切記！你只要取下想淘汰的東西就好，其他所有想要保留的物品，請先留在櫃子內，在這個階段都先不要挪動。等你依序分批完成了要整理區域的所有物品檢視後，要淘汰的東西就可以先處理掉了。

　　接下來到第二步，再花一天時間，把這個收納櫃的所有抽屜和門片打開，將原先分類不清，或是同類型卻四散各處的物品重新歸納在一起，順便也可以依照你目前的使用頻率，重新調整一下各物品的定位，也可在此時評估，是否需要增添收納產品。

　　假如在你淘汰了一輪之後，發現留存的物品數量還是太多，之後依然可以自行支配時間，進行第二輪和第三輪的淘汰，做法都跟第一輪時相同。

你可以用同樣的方式，去整理廚房上下櫃、玄關收納區、儲物間層架、大衣櫃，或是擴大範圍到衣帽間、整個客廳和臥室，一樣可以將整體空間劃分區域，依序先做斷捨離，只要預先準備好裝淘汰物的容器，無論你要挑戰整理哪一個空間，房子都不會被你弄得太亂。

大型衣櫃的整理示範說明

（案例照片見彩頁第 1 頁）

- **分批整理步驟一**：假如時間有限，以此衣櫃為例，可以分三區進行斷捨離，將要淘汰的衣物挑出來即可，要保留的衣物直接留在衣櫃裡別動。

- **分批整理步驟二**：待櫃內該淘汰的衣物都拿掉之後，再打開所有櫃子，將原本亂放的東西重新抓分類，並調整到更合適的位置。

本章重點整理

11. 整理自己的家，不該是為了迎合別人。

12. 真正的好朋友，不會批判你的生活方式。

13. 整理是為了貼近更真實的自己。

14. 沒有人會在沒有強烈動機的情況下去為難自己。

15. 唯有當改變後的可能性有足夠的吸引力時，才會撼動一個
    在原地的人前進。

16. 培養新的習慣，要從練習規律開始。

17. 天助自助者，自助人恆助之。

18. 如果你堅定地知道自己要做什麼，以及為什麼要那麼做，
    那麼請別讓旁人和周圍的雜音影響你的決定。

19. 想要改變一個空間時，請先對自己提問（內在整理）。

20. 如果你的時間容易被切割，或是無法一鼓作氣，請使用「分
    批整理法」。

第三章

擬出最合適的改造計畫

- ✧ 制定計畫不可或缺四要素：時間、預算、順序、方案
- ✧ 個案一：中年母子的和諧共處模式
- ✧ 個案二：過度購物後的漸進式放手
- ✧ 個案三：在三代同堂的家中找出妥協空間
- ✧ 個案四：牽一髮動全身的衣物整理案
- ✧ 個案五：獨到見解：找出矛盾點，提出新思維
- ✧ 個案六：關於動線調整與空間配置的邏輯
- ✧ 本章重點整理

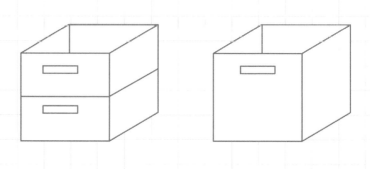

制定計畫不可或缺四要素：
時間、預算、順序、方案

時間：不是做不到，而是沒有訂出最終完成日

　　很多家中凌亂、對生活空間不滿意的人，一定都動過想改變的念頭。但是大部分的人都只是日復一日地將就著，少則幾個月、多則幾年過去了，卻還是什麼都沒做，問題到底是出在哪裡呢？

　　如果你只是想「等有空時再弄」，並沒有把「整理」視為非做不可的事情，且認真地排進你的行程規畫中，那麼……你永遠都不會有空！

　　所謂的把整理或執行計畫排進你的行程規畫裡，不見得是指短期的行事曆，它也可以是隨著你現有的各項能力和現實問題，逐漸增減調整的計畫。但是無論你想怎麼安排，一定得先訂出一個大方向的「最終完成日」，接著再用倒推的方式，去規畫出每個階段你該做哪些事。

　　本書最後一個章節，會提到好幾個我的親身經歷，每個都是需耗時好幾個月才能完成的大整理，其中一個是我在 2022 年將基隆婚宅二樓改造分租的案例。以它作為例子，我和丈夫在那年 7 月決定要做這件事情之後，我先想好，如果一切順利的話，最快要在幾月份順利出租？由於我每年大約 11 月有去桃園住宅「過冬」的習慣，我不希望因為這個改建分租計畫而耽誤我搬去桃園，所以將「最終完成日」訂在了 10 月中旬。

　　這也意味著我只剩三個月時間要完成房屋改造設計、斷捨離、裝修、兩層樓的收納、清潔、招租。於是我做出了一個簡單的排程，用最終完成日往前推算，先確認每月必須完成的進度，再細分到每週和每天需要做完哪些事情，最後果然在 10 月 12 日把二樓順利租出去了！

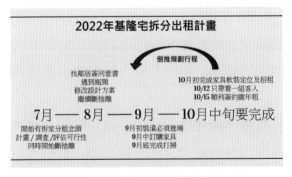

最終完成日圖示説明

但其實在這之前的每隔一到三年，我都會用同樣的方式，訂出家中各區域的整理計畫，對於自己原本不太滿意的基隆婚房，逐年依照自己當下的能力去整理改造。

有些小區域可能只要花幾天時間，加上幾千元就能整理好，而有些空間則需要等待對的時機，加上幾十萬元才能完成改造。唯一不變的是，針對每一次的整理規畫，我都有先訂好「最終完成日」，給自己一點時間壓力，才能每次都如期達標。

總之，從結婚後我陸續耗費了十二年，才把原本只被我打 50 分的房子，提升到了滿意的 90 分。如果當年一開始，我只讓「整理」這件事情停留在腦中幻想，而且只願意撥出自己的閒暇時間來執行的話，我不可能會達到這麼高的完成度！

預算：別讓意料之外的支出，打亂你的整理目標

有些大整理是需要花錢的，這也是讓某些人停留在現狀、畏懼向前的原因之一。從添購小型的收納盒，到需要汰換部分已不適用的家具，再到可能要清除大量的

雜物才能讓空間喘息的清運費用，或是到整理的最高等級：打掉重練的室內裝修，每一種程度的支出，都需要依據你的整理目標，提前做好準備。

如果你只是想稍微整理一下家中的某個小區域，例如玄關的櫃子，或是書桌的抽屜，其實都可以在不花錢的情況下，利用家中閒置的紙袋或空盒子，取代市售收納盒，以達到小物品細分類的目的。

但如果你期待櫥櫃內也要賞心悅目，美感統一，那就要先抓出你願意支付的收納盒預算，此類單品從低價49元起跳，到單價幾百元都能找到，就看你想要什麼質感和想整理到什麼程度，先把總預算訂出來之後，也會比較有採購方向。

此外，有些個案中的凌亂，是因為該空間的原有家具已失去良好的收納功能，或是該家具的格局配置與需要放置的物品不貼合，導致屋主只能將物品放在地上或是檯面上。若想省錢解決這類問題，可以先看看家中是否有其他家具可以取代，如果勢必得花錢購買新家具，也可先上網研究一下不同等級的家具價位，然後再依照自己的預算做選擇。

當你想買的家具不只一件，且在預算有限的情況下，

建議可以把較多的預算分配在比較大型的家具上，因為此類產品未來要再更換會比較麻煩，所以最好先一次到位。至於其他小型的活動家具，可以在適合你的審美和收納功能範圍內，先選擇中低價位的產品，等日後預算增加時再優化即可。

　　依據我過去幫客戶們選品，以及曾採購過三間房子的全屋家具經驗，我會先訂出總預算，然後做一份 Excel 表，表中依各空間須採買的品項進行分類，每種功能的家具會選 2、3 種商品作價格和空間配置的比較，最後再整合選出一個最好的方案。

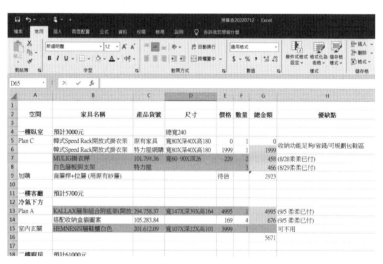

總預算表圖示一

	A	B	C	D	E	F	G	H	I
18	二樓廚房	預計61000元							
19		IKEA一字型廚具規劃(含上下規劃)		寬225X深63.5X高91	29805	1	26028	(9/5 柔柔已付)	
20		惠而浦224公升上下門變頻冰箱WT12650A		寬57X深67X高159	13900	1	13900		
21		【Philips 飛利浦】智慧變頻電鍋MOMO網			1488	1	1488	1300W, 有自動關機裝置	
22		【TECO 東元】12公斤 洗脫烘 變頻滾筒洗衣機(WD1161HW)	MOMO網		16800	1	18799	(8/30柔柔已付)延長七年保固	
23							60215		
24	其他項目	預計84000元							
25	二樓其他	臥室燈具			2789	1	2789	(8/18 柔柔已付)	
26		自黏地板	特力屋		799	8	6392	(8/29 柔柔已付)	
27		隔間牆實木門片			7800	1	7800	(8/29 柔柔已付)	
28		臥室實木床架					6803		
29									
30	一樓其他	餐廳區吊扇燈+燈泡			9539	1	9539	(8/20 柔柔已付)	
31	一樓其他	臥室東元冷暖變頻冷氣			17490	1	17490	(8/21 柔柔已付)	
32		冷氣不鏽鋼架與管線			3500	1	3500	(8/27 柔柔已付)	
33		落地鋁門大鎖			1800	1	1800	(9/1柔柔已付)	
34		IKEA沙發					17498		

總預算表圖示二

再來要講到一種讓人不太愉悅的支出：

雜物和垃圾清運費。

現在丟東西是很貴的，這種花費依操作的方式不同可大可小，從幾千元到幾萬元都有可能，以下幾種情況都需要先把此種花費列入評估項目：

1. 搬家或裝修打包前的斷捨離清理。

2. 清除家中常年大量囤積物。

3. 遺物整理。

我自己經歷過幾次大型清運，以上三種情況全遇到了。針對與搬遷有關的斷捨離，在選擇搬家公司的時候，就可以一併詢問對方有無附帶提供清運服務？曾經有一家小型的搬家公司很好，在幫我估算搬遷的車輛數之後，他們知道我有幾件大型廢棄家具需要清運，於是提議可

以等到晚上來幫我把東西搬到政府清潔隊指定的丟棄處，這樣可以省下將近 8000 元的清運費。雖然不是每間搬家公司都這麼佛心，但是問問看也沒有損失，但如果要丟的垃圾量太大，沒辦法交由政府清潔隊處理，就還是要先拍照請清運公司報價，至少不會在整理中期就被幾萬元的額外支出嚇到。

最後，關於整理的最高等級支出：

打掉重練的室內裝修。

這部分就需要花更多時間做準備，以我自己為例，2012 年因為受不了基隆住宅的廚房櫃體受潮和毀損問題，便計畫在未來一定要重新裝修和增加收納空間。當時的我存款只有 5 萬元，所以距離自己的目標還很遠，於是我開始蒐集夢想中廚房的照片，再趁有空時去參觀建材家具展，研究一下我想要的設計到底得花多少錢？

當我初估一個金額之後，再對比自己當時的月薪，算出了大概要存錢三年才有能力完成這件事情，於是從 2012 那年起，我便在行程規畫中寫下了「要在 2015 年夏天進行廚房改造」的目標。

有了明確的目標後，接下來就是以倒推的方式做存款計畫，每月拿到薪水後，直接撥款 1 萬元到整理帳戶中，

不再像以往隨意吃大餐和購買非必需品，並在這段期間，認真蒐集與廚房改造的相關資料。等到 2015 年的 8 月，我真的如期開工，並實現了期待已久的廚房改造夢想！

另外，我曾有位客戶在六年前跟我預約過到府整理，初次去她家時，就發現她房子的問題，不是光靠整理技巧和買幾個收納箱就能解決的。她自己也知道，家裡長輩留下的舊式裝修，已不符合他們小家庭的需求，於是我建議她可以做個長期規畫，用重新裝修調整收納空間的方式，才能解決問題。六年後，她終於備齊了 100 多萬元，完成了全屋整修。

> 順序：如果想整理的區域不只一個，該從哪裡開始比較好？

每個人覺得難以面對的空間和物品類型都不太一樣，你不用遵從任何整理專家的排序，例如：應該先從衣櫃或是書籍開始整理。

如果你全家都很亂，要整理的範圍很大，你可以用兩種不同的方式，將空間排順位：

1. 把你最迫切想整理的區域排第一，比較無所謂的排最後，中間次序依照你認為的重要程度，將全家各區域排完整理順序（**此方式適合比較擅長整理之人**）。

2. 把你覺得最能輕鬆上手的區域排第一，最困難的排最後，中間次序依照你心中全家各空間的整理難易度排序（**此方式適合不擅長整理之人**）。

　　如果要整理的範圍不擴及全家，只是想調整部分不滿意的區塊，例如書櫃、玄關雜物櫃或是衣櫃，假如這些空間的物品量都很大，必須要先斷捨離，會建議你採用上面的第二種方法：**從你最容易淘汰的物品類型開始下手！**

　　例如一位愛書成痴、穿著單一、沒有烘焙和烹飪興趣的人，若同時想整理廚房、衣櫃和書櫃，那麼他可以先朝廚房和衣櫃下手，把書籍的斷捨離留到最後再執行。另一位對衣物較有執著，對書籍和廚房用品較無感情的人，如果也想整理這三個區域，反而就得把衣櫃留到最後再處理。

　　所以我們會看到，即使是要整理相同的空間，不同的人所適用的方法與順序就需要有些變化。將自己認為

的大魔王關卡留到最後的好處是，你可以透過先整理其他較容易上手的區域，來觀察自己在整理過程中，可能會遇到什麼樣的問題，然後在接下來移動到其他區域時，可以適時做調整。

此外，優先整理自認比較好上手的區域時，通常完成的速度會比較快，也能從中獲得一些成就感，進而會更有動力往下一階段邁進，當最後面對到心中的大魔王關卡時，也比較沒有那麼難受了。

當然，有一種類型的物品，幾乎能讓所有人都感到卻步，就是與情感有密切連結的品項，例如：老照片、書信卡片、收藏品、童年珍藏、親友的遺物……等。如果你想整理的範圍包含了這些物品，請一律將它們留到最後再處理，免得在整理計畫初期就陷入回憶裡，影響後續的進度。

方案：全部下架和分批整理，到底哪一種才是對的？

曾有幾次在演講會場遇到聽眾提問：「老師，我看很多整理師都說，整理的第一步是要『把所有物品下架』。

但是我怕時間不夠復原，所以一直都沒有行動，請問難道沒有別的整理方法了嗎？」

說真的，這世上沒有適合所有人的整理方案，包含眾所皆知的斷捨離也是！你必須先認清自己的性格、可運用的時間、取捨物品的效率、整理範圍的大小⋯⋯等等，來選取一個最適合當下狀態的整理法。

將物品全部下架後再進行整理的好處是：你可以正視自己的物品量，透過內省減少重複性較高，或是對你不再有益的東西，或許還能因為被震撼到，而控制日後的購買欲。

但是這種做法的缺點是：因為需要較大的平面空間放置下架後的物品，如果無法在短時間內分類完畢＋取捨＋重新上架，可能會因此影響走動和日常作息。而且對於原本就不擅長整理的人來說，看到物品一字排開的恐怖畫面，可能也會因此變得更焦慮而影響到執行力。

所以我只會在搬家或裝潢前打包，或是要挪動大型家具定位時，才會使用「將全部物品下架整理法」，其餘大部分時候，包含在委託人家中工作時，幾乎都是使用另外一種，也就是在第二章提過的「**分批整理法**」！

這種做法的好處是，無論你在整理當天進行到什麼

程度，都可以隨時喊停，只要將需要淘汰的東西集中擺放至某一個區域，完全不會影響行走動線和作息，即使中途要休息個幾天再繼續，也不會有太大的問題，相當有彈性。

全部下架整理法適合什麼人？

1. 斷捨離決策速度快。
2. 喜歡一鼓作氣，執行能力強。
3. 不易焦慮，看到物品全擺出來不會煩躁。
4. 時間充裕，或是整理期間不容易被打斷。
5. 空間夠大，即使把物品放滿地面和桌面，也不影響生活。

分批整理法適合什麼人？

1. 斷捨離決策速度慢。
2. 一旦整理起來容易疲憊，需要緩慢執行。
3. 看到物品全擺出來會心煩意亂，腦袋放空。
4. 沒辦法在短期之內花大量時間集中整理，或是時間零碎容易被雜事干擾。
5. 空間不大，如果把物品擺滿平面，會無法走動或影響作息。

個案一：中年母子的和諧共處模式

（案例照片見彩頁第 2 頁）

　　很多與父母同住的成年人，都有一個共同的困擾：因生活習慣不合而造成紛爭。如果有人帶著這樣的問題來找我，在一般情況下，我會問他：房子是誰的？如果是父母的，那你是否有條件選擇搬離？因為想要改變父母的行為模式簡直是天方夜譚，與其花那個力氣，還不如去開創自己想要的天地。

　　但是總會有人因為各種原因走不了，或是像接下來這個案例中的委託人，本來已搬離原生家庭，卻又被長輩要求再搬回來同住。面對生活習慣不同，卻又不得不共處在一個屋簷下的家人，該如何自處呢？

　　委託人是一位男性，他原本一人隻身在外打拚，媽媽與其他家人同住彼此照應。但由於該家人結婚後，去建立自己的新家庭，所以媽媽就恢復到獨居生活，她希望兒子能搬回家一起作伴，所以委託人才搬回去。

他在預約時就告訴我，自己對於媽媽時常在家中亂放雜物而感到不開心，由於他和媽媽對家中的整齊舒適標準不同，所以在剛搬回去的那些日子裡，他其實生活得很壓抑，但是即便不開心，又不能再度搬出去，所以總是選擇忍耐。直到每回情緒到了臨界點時，才會偶爾爆發一下，有時候甚至會因為看不慣客廳和廚房太亂，所以就選擇長時間一個人待在房間，減少與媽媽的互動。

從委託人提供的照片看來，這個房子並沒有如他口述的這麼亂，至少以整理師身經百戰的角度來看，他們家的混亂程度大概只在幼幼班。在聽完他的陳述後，我心裡的疑惑是：

不知這位媽媽的想法是什麼？她希望兒子回家住的原因是什麼？是不是因為有人可以陪伴相互照顧不致於感到孤寂？或者還有別的原因她沒有說？

為什麼委託人針對這種程度的混亂，就有這麼大的排斥反應？他是不是偏向極簡主義或是有一點潔癖？或者，他對於生活空間的不滿，只是藉題發揮？對於被媽媽請求搬回家這件事情，他是否還有別的委屈沒有說？

登門拜訪，找出答案

兒子在等待我到府之前，其實已經把家中整理過一輪了，所以我去的那天，這個家意外的整齊乾淨，至少表面看起來是如此。

母子同時迎接我和助理，兩人都十分客氣，我讓他們帶著我參觀想要整理的和室與廚房後，因為得知這兩個空間的主要使用者都是媽媽，所以我需要參考一下她的意見，例如：對這兩個地方使用上的收納困擾是什麼？覺得現狀如何？如何看待兒子提出的意見？

她說：「其實和室我可以自己整理耶！有些東西是可以丟了，但是我自己可以慢慢處理！」

結果原本在一旁沉默的兒子開口：「我不同意！你之前也一直說你會整理，但是拖很久都沒有弄，我希望今天可以請老師協助處理。」

兒子告訴我，媽媽有時會把要晾曬的衣服直接攤在和室的地上和床上，導致整個房間看起來很亂。另外，明明那幾個老舊的抽屜櫃都已經不好開了，裡面也沒辦法收納物品了，為何不乾脆把櫃子丟了，讓房間變得更清爽乾淨一些？他說自己有時候也會想邀請朋友來家裡

坐坐，如果把和室清空，他就能做其他利用了。

　　而媽媽無法理解的是，為什麼在自己的家裡不能好好放鬆，為何兒子會這麼不愉快？但是因為她不想讓兒子不開心，所以只要兒子提出什麼整理上的要求，她幾乎都願意配合，至少口頭上會說：「好，我會找時間整理。」

面對抱怨時，不能只聽一個人的聲音

　　通常在這種情況下，我不會貿然動手，因為感受得出來兒子有情緒，媽媽有委屈，如果不讓他們彼此把話說清楚，光是立刻整理一個和室和廚房，恐怕無法處理他們之間的問題。於是我當時請這對母子移駕到客廳，建議大家坐在沙發上先聊聊。

　　我分別問兒子和媽媽：「請問你們對於這個家裡的現狀有哪裡不滿意？覺得哪裡亂，需要改進？希望整理到什麼程度才會滿意？」

　　想當然爾，說出不滿的幾乎都是兒子，媽媽在一旁默默地聽。

「媽媽總是把用完的牙線就直接擺桌上。」

「在客廳邊看電視邊摘菜，菜葉掉在地上也不清。」

「和室的舊五斗櫃裡，都沒裝什麼東西為何不丟？」

「陽臺很多洗衣籃，媽媽總是把襪子掛成一圈。」

「櫃子裡的東西都不分類亂放。」

「媽媽在廚房刷牙的牙刷，就直接放在瀝水架上。」

「和室地上偶爾會攤一堆衣服，不知道是在幹嘛！」

「客廳擺的花卉都枯萎只剩下葉子了也不丟掉。」

「餐桌旁的櫃上總擺著當天的藥，不收回櫃子裡。」

聽兒子說完之後，我問媽媽：「請問您對於剛才他所說的這些事情，有想要解說的嗎？我想了解一下您這些行為的原因。比方說把襪子披掛在洗衣籃上，為何不晾曬到衣桿上？為何把牙刷放在廚房瀝水架裡面？」

媽媽其實仕聽完兒子說的話之後，表情有點訝異，她帶著笑容回答：

「和室房的五斗櫃我同意可以丟了。」

「菜葉掉地上你跟我說就好了，我沒有注意到嘛！你提醒我，我就會去掃啦！」

「襪子披掛在洗衣籃，是因為曬衣桿太高了，如果要把襪子全掛上去，其實我的手和腰都會疼，所以就掛

在地上的洗衣籃比較方便啊！」

「我偶爾會在和室的地上舖衣服，是因為那個房間的西曬陽光最強，有時候洗好的衣服直接曬一個下午很快就乾了！」

「客廳的花枯了但還有葉子，就代表它還活著，為什麼要丟掉？但如果你要我丟我會丟啦！」

「餐櫃上的藥如果不放那邊，我會忘記吃。」

「牙刷放在廚房是因為我都在廚房刷牙，用完剛好就放在瀝水架晾乾啊！」

談到這裡，其實我已經很清楚這對母子看待生活的態度截然不同，兒子比較傾向極簡主義，同時也希望家裡規規矩矩，而媽媽則是樂觀又隨興，把這兩個成年人放在同一個空間裡，無論誰去配合誰都會有點委屈，只是媽媽選擇順著兒子的意罷了。

我當著媽媽的面告訴委託人：「其實你媽媽已經算是很好了，很多老人家有嚴重的囤積問題，又不允許家人處理，至少她沒有那樣，地上的菜葉其實你看到也可以順手清理掉，因為媽媽一定不是故意扔在地上氣你。日後有什麼不開心的地方，建議你可以在當下好好表達，不要累積情緒才一次爆發，況且逃離你不喜歡的客廳和

廚房躲進房裡，媽媽應該也會傷心吧！這不是她希望你搬回家住，想看到的結果。」

　　另一方面我也跟媽媽說：「每一個人對於家的整潔標準不同，你兒子只是剛好要求比較高，他在意的事情你覺得不重要，但是他卻不能搬出去享受一個完全可以自我掌控的空間，這對於他來說，其實也是很不容易的事情，我能體會他的心情。生活習慣上的小問題，如果能改就請媽媽盡量改，比如用完的牙線不要到處亂丟，直接扔進垃圾桶不也很好嗎？至於你習慣在哪個空間使用的東西，就收納在那附近，用完馬上歸位，兩個人各退一步，也多一些體諒，相信你們日後相處在一個屋簷下，就比較不會有爭執了！」

透過溝通，尋求共識

　　委託人也是在那天才知道，原來媽媽在洗衣籃曬襪子與在和室地上鋪衣服的原因，我請他幫媽媽購買手動升降曬衣架，可以解決媽媽手和腰痛的問題。廚房亂放的牙刷，我幫媽媽找一個漱口杯和固定位子擺放，餐櫃

上的藥就用一個同色系的開放式木盒收納在原處即可，所有的問題都找到兩人可以接受的方式去解決。

最後，在眾人皆大歡喜、燈光美氣氛佳的情況下，我馬上請兒子聯絡當地清潔隊，約好丟棄五斗櫃的時間與地點，避免媽媽再次拖延不處理。當然，這也是在媽媽的同意之下，我才決定快刀斬亂麻！

同時，我知道媽媽對那個五斗櫃還有點感情，所以刻意取出其中兩個抽屜，代替收納盒整理媽媽的雜物，剛好也可以替她省下一點買收納盒的錢。

然後我告訴兒子：「媽媽的雜物我先幫她分類進到衣櫃裡，至於她何時去整理，請你不要再干涉她，但我可以幫你把和室空間整理好，你只要把衣櫃門關上就眼不見為淨，想帶朋友來家裡玩的話，即使用到這個空間也不會感到尷尬了。各退一步，海闊天空。」

有趣的是，那位媽媽當天也趁著我在整理和室時，自己淘汰了非常多的廚房用品和衣物，兒子清理得也相當開心。隔天他傳給我一張沒有五斗櫃的和室照片，我想，他們母子倆應該找到和諧的共處模式了。

當我們面對愈親密的人時，時常會忘記要好好說話，如果對彼此的某些行為感到不解或是不滿，其實可以試

著說出來，並詢問對方會這樣做的原因。如果能夠練習站在對方的角度思考一下，也許會意外的發現，原先造成不滿的事件其實有可能只是誤會罷了！

而在整理空間的操作上，也可以透過與同住家人的深入溝通後，尋找出最合適的方案，不必執著於誰一定要配合誰的想法。在雙方必須同居的現狀下，放過對方，也是放過自己啊！

個案二：過度購物後的漸進式放手

（案例照片見彩頁第 3 頁）

她說：「我覺得很孤獨！」

滿屋子都是這些年過度購物帶回來的衣物，這是在經歷一段關係的結束後所開始的失控行為，也是在另一段情感牽絆逝去後，才決定要回復到正常生活。

這是一個很不好處理的個案，因為無論是過度購物或囤積行為，背後總有很複雜的原因，對任何整理師而言，都是極大的挑戰。這種案子不可強硬要求委託人大量斷捨離，而是要把傾聽委託人的情緒放在優先順位，確認對方改變的意願和決心後，才可以擬定整理計畫。

她大概是在兩個月前填的預約單，當初看到她傳來家中的照片時，我大致詢問了一下家裡會變成這樣的原因？她在這環境下生活了多久？以及現在想要改變的動機是什麼？

她告訴我，幾年前人生遭逢巨變，讓她難以承受，

最心愛與信任的人離開了她。在經歷了一段渾渾噩噩的日子之後，她覺得再這樣下去也不是辦法，於是有了想振作的念頭。

當時聽完她的回答之後，我覺得她是真心想要擺脫這些過量的衣物，想要讓家變得清爽，所以便幫她安排了到府日期。由於距離約定的時間需要等待一個月，所以我建議她，在我過去之前，可以先試著清理掉或捐贈出一些物品，而她的確也慢慢做了這件事，只是依然還剩下很多東西。

先處理情緒，再處理問題

到府當日，我帶著助理們看完她家中所有區域後，提出已幫她找好了過量衣物的去處，當天即可安排車輛幫她全數送走。不過就在這個時候，我感覺到她遲疑了，於是我讓助理們在客廳待著，我請她進到更衣間聊一聊。把門關上，我們倆一起坐在衣服堆中，沉默幾秒後，我問了她一句：「請問你是不是有話想跟我說？」

她哭了，並說道：「我只要一想到這些東西今天得

清走，就覺得好痛。」

我告訴她：「我不會強迫你做不願意做的事情，如果你反悔了，我可以現在帶著助理們離開，等你真正準備好後再跟我約。只是你回想看看，如果你是真心不想整理了，為何還要預付訂金給我？昨天也沒跟取消，所以你其實是想改變這個現況的，對吧！」

接下來，我細細詢問她這些物品是在什麼情況下被買回來的？現在又為何捨不得放它們走？

她說：「我覺得很孤獨！」

在經歷多個不同關係的離去，以及最後一根稻草倒下後，她一直感到孤單，連一個可以說心裡話的人都沒有。於是她開始去固定品牌、固定店家，向固定的店員購物，透過一次次的消費互動中，彷彿可以與那些店員們成為熟識的朋友。她試圖從那些人身上找尋溫暖與關懷，所以她買的不全然是「物」，而是在買「友誼」，只是到最後……她發現那些感覺並不真實。

她說：「我覺得『愛自己』這三個字，聽起來很空虛！」

當然，愛自己並不是用大量物質來展現對自己的疼愛，我告訴她：「真正的愛自己，是要學習享受單獨的

快樂，不再把自己的情感得失寄託在他人身上，因為沒有人可以永遠陪伴在我們身邊。所有看似親密的人，都只是我們生命中的過客，我爸自我童年起就告訴我：人是孤獨的，你必須學會這件事。」

與她坐在更衣間內的一小時中，我傾聽了她的故事，也跟她分享了一些我的故事，我說：「有些人看似幸福美滿，但是誰都有難言之隱，也都有過得不如意的時候，所以不要把任何親密關係看得過重，沒有誰有義務永遠待在誰的身邊，有些人就只是來到我們的生命裡幫我們上完一課，緣分盡了就走了。」

接著我推薦她去看一本書——奧修 OSHO（Candra Mohana Jaina）寫的《愛、自由與單獨》，奧修說：「孤獨是被誤解後的單獨。」

當我們聊完人際關係的議題之後，她說：「這些衣物也是花不少錢買回來的，大部分都是全新品，丟了也覺得很浪費。」

我問她：「這房子是你買的嗎？坪數多大？現值多少錢？」我現場幫她計算了一下，她幾乎占用了 260 萬元的空間在堆「垃圾」，難道這樣不浪費嗎？我告訴她，我描繪的垃圾並非字面上的意思，而是全被她堆積擠壓

在這個空間中，那些無法拿取、無法使用、無法發揮正常功能的物品。

我請她問問自己，現在究竟是想要一個清爽的空間，重新振作讓生活前進？還是繼續生活在被衣物包圍的阻塞空間中？只有她自己心中有答案，而我會尊重她的決定。

她選擇了前者，即使她知道在捨棄過程中會非常不容易，也明白後續可能會遭遇一段時間的不適應和情緒低落，但是她依然很勇敢的選擇了前者。

觀察現場與確立目標

由於我們面對的現狀是一間被大量衣物淹沒，看不見地板的更衣間。垮下來的掛衣桿和款式不明的收納櫃也無法讓人判斷出實際的衣物數量，也確定無法在這個現場執行分類與篩選。

我問委託人：「請問你還想要在這個房間裡增添家具嗎？比方說，可以在這房間的正中間增加一組尺寸合宜的小型抽屜櫃，有點像中島的概念。或者你只想使用

現有的收納空間放滿衣服就好？你的答案關乎於要淘汰掉多少衣物量。」

她回答：「我希望可以按照目前的收納空間 1：1 把衣物放完，然後地上都不要堆東西，我也不想再添購任何家具。」

我回：「沒問題！那我們今天的目標就是得淘汰四、五成的衣服喔！等一下要請你在每一種類別的服飾中，盡量用二選一的心態做篩選，你能做到嗎？」

她說：「要丟這麼多嗎？好吧！我盡量。」

分配任務與流程

當時我觀察到委託人家中的客廳沙發挺乾淨的，那裡剛好也算是離這個更衣間比較近的位置，我請助理們先把從更衣間走到沙發的地面雜物挪開，讓出一條通道。如果你想要整理的空間現場非常擁擠，也可以騰出附近的區域，進行以下操作。

✧ **步驟一：**

　　使用工廠流水線的方式，將更衣間的衣服分批遞送到沙發區，請助理們先做分類。我的分批順序是：地面的衣服優先、入口正對面櫃子內的衣服其次、最後是更衣間內部層架上散落的衣物。這裡要特別注意的是，掛衣桿區域和收納箱裡面的衣服我都留在原地，沒有往沙發區挪動。

✧ **步驟二：**

　　在最靠近大門口的區域，挪出一些空位，擺放事前準備好的紙箱，做為淘汰區，將委託人不要的衣服直接依照品牌和類別裝箱。如果該區空間不夠，則不用一次擺太多箱子，等裝滿封箱可堆疊之後，再擺放其他空箱。

✧ **步驟三：**

　　當助理們正在沙發區忙著做衣服分類時，我請委託人先針對更衣間裡面的掛衣區和收納箱中的衣服進行篩選，把不要的衣服直接放入門口的紙箱。等委託人完成更衣間內部的篩選後，沙發區的分類也差不多做完了，這時再請委託人到沙發區，依照不同類別的衣物堆，做

二選一的淘汰。

這樣安排的好處是，可以讓助理們和委託人在兩個不同的空間中同時工作，只不過是調換了斷捨離和分類的順序而已。委託人既不用在更衣間與沙發區來回穿梭消耗體力，兩組人也不用相互等待浪費時間。

✧ **步驟四：**

修理垮掉的掛衣桿，依照各類別要保留的數量，重新劃分收納區域。針對這個空間的定位原則是：

1. 能掛的衣服盡量掛。
2. 上方層板適合放寢具與換季衣物。
3. 中下方位置的層板適合放置包包與鞋子。
4. 離入口最近的抽屜放置常拿的貼身衣服和配件。
5. 內部掛衣區下方的抽拉籃和收納箱，依據季節分配放置需要摺疊的褲子和上衣。

最後，我們總共花了十個小時完成任務，打包了十箱衣服，立刻聯繫可接收的二手衣拍賣單位，派車來把衣物取走。

離開委託人家之前，看著她在開心之餘，夾雜著一

點點落寞的表情，我告訴她：「我會請這個單位不要太快處理你那些捐贈的衣服，如果這幾天你反悔了，我可以請他們把衣服送回來給你。」

她說：「不用，沒關係，我只是有點不習慣而已。更衣間現在變成這樣很好，謝謝你們的幫忙。」

在知道她家還有另外兩個房間堆放著大量的鍋碗瓢盆等雜物之後，我說：「等你度過整理後的不適應期，開始慢慢愛上這個新空間之後，再去整理家中其它的區域，慢慢來，不用急。」

個案三：在三代同堂的家中找出妥協空間

（案例照片見彩頁第 5 頁）

在我過往的個案當中，遇過不少多口家庭，大部分都是小夫妻在婚後與夫家成員共同生活，如果是一起住在透天厝，人數多則可達到 7、8 人。在這種情況下，會跟我預約整理的委託人，大部分都是嫁進去的那位媳婦，她們的共同困擾多半是無法習慣夫家長輩的囤物行為。

然而自己在家中的決定權太少，即使看不慣亂糟糟的環境，也無法有太多實質性的改變，想大刀闊斧地丟東西整理，卻總是會被阻止，最後只能在無奈的情緒中度過每一天。

下面要介紹的這個案例，是個六口之家，委託人婚後與公婆同住，生了兩個孩子之後變成三代同堂，雖然家中做滿了各式各樣的櫥櫃，但是每個收納空間都早已被各式物品塞滿。

在小客廳旁邊有一間和室，裡面堆放了全家人的物

品，像是旅行帶回來的酒、藥品、乾果零食、看電視購物買回的鍋碗瓢盆、經年累月不願意丟的書報資料與長輩的東西、空盒、孩子的玩具、全家人都要用的生活消耗品、外出包包……等多項不分類的雜物。

　　委託人告訴我，由於客廳緊鄰著家中大門口，又剛好是通往家中其他區域的通道，原本她將兩個孩子的遊戲空間安排在客廳，但是隨著相關物品的增加，撒在地上的玩具也會影響全家人行走，所以她想把這間和室房清乾淨後規畫成遊戲室，希望能讓孩子移到裡面去玩，日後也可以添購兩張小桌子，讓即將上學的孩子們能在裡面寫功課。

　　比起其他有同樣困擾的家庭而言，她算是幸運的，因為至少夫家同意她的想法。只是對於這個塞滿物品的空間不知該如何下手，於是，她選了一個長輩不在家的好日子，找我們去幫忙規畫。

沒有完美的方案也沒關係

依照一般邏輯來說，其實這種類型的亂不難整理，畫面顯得有點嚇人，那是因為所有東西都堆在地上，但是只要能買到合適的收納架，將所有物品分區分類擺放，問題就能解決了。

但是就這個案子來說，委託人想把和室清空，變成兒童專屬的遊戲空間，這項要求無法達成。因為在隨著委託人帶我參觀完全屋的收納櫃之後，發現他們家中所有櫃子內都已被物品占滿，如果真要騰出空間來收納和室間非兒童物品類的雜物，就代表著需要先將家中其他的儲物空間內容物做一番篩選。

那種做法需要花很長的時間，也會需要委託人全家成員一起做決定。由於我到府當日只有委託人一個人在家，我們不能在她家人不在的情況下，淘汰非委託人的物品。

所以我問她，能否接受將和室內部四分之一的空間保持儲物功能，另外四分之三的空間作為兒童遊戲功能？雖然並沒有完全符合她的期望，但對當時的狀況來說，這已經是最好的安排了！

看似需要曠日廢時的做法，其實可以迅速又簡單

針對這種「沒有收納家具，物品從地面往上堆積」的空間，最主要的做法可依照以下幾個步驟執行：

✧ **步驟一：**

就近騰出一個空地，將物品從房間拿出來分類篩選，區隔「保留」和「離開」兩大區塊。

✧ **步驟二：**

將兩大區塊中要保留的物品，依類別做第二層分類。這邊要注意的是，如果這些物品屬於不同的主人，要先依「人」來分，再以「類別」分類。另外，針對要「離開」的物品，可依照「去向」做分類，例如：丟棄、回收、贈與、轉賣。

✧ **步驟三：**

該房間清空之後，依照內部格局劃分功能區域。以這間和室來說，由於右手邊有一個小壁櫥，裡面還放置一些厚棉被和外出包，所以需要保留原有功能，不能用

添購的家具擋死，因此，若是需要增加一整排的收納空間，只能選擇放置在左手邊牆面。如此就能規畫出左邊四分之一為儲藏區，從中間到右側四分之三為孩童遊戲區，日後當小孩待在和室時，即便長輩要進去拿取物品，行走動線也不會交叉干擾。

✧ **步驟四：**

等確定要添購家具的位置之後，丈量該牆面的寬度、高度與深度，依照要保留的物品類型和大小，來判斷需要購買什麼款式的家具。以此個案來說，保留的物品多半是體積較大的電器、酒和許多裝箱物，所以開放式層架便成了首選。當天丈量完畢後，我即刻請助理前往她家最近的大賣場，選購了 90X180 ＋ 120X180 共兩組的五層架。

✧ **步驟五：**

層架組裝完成後放定位，將稍早已經依人和物品類別的東西依序上架，先將公公和婆婆的物品區域劃分為一左一右，再將每層規畫放置一個物品類別，方便長輩日後可迅速取物。

✦ 步驟六：

　　最後再利用家中原有的收納工具分類玩具，擺在和室內剩餘的四分之三空間即可。

　　整理當天，除了我和委託人之外，還有另外三名實習助理，我負責規畫空間布局、分配人力和安排施作流程，委託人全程負責物品篩選，我的其中兩位助理負責將委託人要保留的東西做細分類和檢查效期，另一位助理中途外出購買層架，等他回來之後，三名助理一同完成組裝，最後我們再一起把所有東西依序上架。全程只耗時五個小時就整理完畢，非常迅速！

　　如果正在閱讀此篇的您，恰巧也要整理類似的空間，可以召集家庭成員一起動手，並按照上述的流程施作，也許只要花一個下午的時間就能完成。

　　面對這樣的居住環境，很多時候只能從中找妥協，在盡量不影響家人感情、不起衝突的狀況下，依然能想辦法創造一些可用空間。整理那天，我們只將長輩那些無法丟棄的物品做好分類，讓他們一目了然並且好拿取，雖然也淘汰了不少過期藥品、食品和損毀的物品，但大致上不會造成衝突。

反倒是委託人淘汰了不少孩童玩具，因為那些是她自己可以做決定的部分，所以取捨愈多愈快，能換來的空間就愈大。

　　整理後的和室變得格外清爽，她的兩個孩子從幼兒園回到家後，驚訝地說不出話來，開心地立刻進到裡面玩耍！長輩們也反饋整理後的和室變得很好找東西，希望孩子們的笑容能讓長輩減少一些囤物習慣，讓一家子都能在這個空間長期的愉快相處。

個案四：牽一髮動全身的衣物整理案

（案例照片見彩頁第 6 頁）

　　有一種亂，是因為沒有控制好特定物品的數量，然後逐漸擴散到家中不同區域所造成的，隨著時間的推移，它會讓家中所有的收納空間都動彈不得！

　　這個案子的委託人樣貌柔順，說話輕聲細語，在與她諮詢的過程中，她很明確地表示：「希望能趁著接下來丈夫不在家的兩週內，把全家整理好。」

　　他們家整體空間乍看之下沒有什麼問題，但因為已經近十年沒有進行大整理了，所以各處的收納櫃裡都是滿的。再加上由於家中沒有儲藏室，所以有些體積較大、平時不常用的物品，只能靠在書房的牆面擺放。

　　另外，他們還提到女兒房間的問題，因為書桌沒有抽屜，也沒有書櫃和衣服回穿區，導致她把大量參考書、收藏品、小雜物和穿過的衣服全都亂扔在書桌和椅子上。由於書桌太亂，所以都移到餐桌寫功課，委託人希望我

能替她女兒解決收納問題，讓她願意回到自己的房間念書。

找出混亂的源頭就能解決大部分的問題

當我巡視完她家所有空間之後，發現到了主要的問題：因為女主人的衣服量大，占據家中的三個區域，包含主臥室的更衣間、主臥室的雙人掀床底下，同時也擴及到女兒房間衣櫃的一半空間。如果她願意只把自己的衣物量控制在更衣間的範圍內，那書房和女兒房間的收納問題，都能迎刃而解！

我原本以為「兩週內要把家整理好」是她丈夫開出的條件，但是當天也在一旁聆聽的丈夫卻對我說：「我沒有這樣要求她，不知道她為何要這樣想？」

我看委託人在一旁面有難色，所以也順著她丈夫的話，試探性問她：「如果你丈夫不介意，是否可以考慮把整理時程安排的寬鬆一點，不要給自己這麼大的壓力？」

因為如果要依照我即將提出的整理計畫，她需要淘

汰掉至少一半的衣服才能達成目標，這對一個十年沒整理過的人來說，其實有相當的難度。

但是她還是堅持要在兩週內完成，並且趁著她丈夫暫離現場時告訴我：「我不喜歡他在家時進行整理，他會一直碎碎唸，說我為什麼這麼愛買東西，我的壓力會很大！我承認之前自己的確是有亂買東西的習慣，可能是因為缺乏安全感的關係，但是我現在已經很節制了，也是真心想要改變現狀，只是一旦開始整理就會丟東西，如果被老公看到，他就會說我買東西回來又丟掉很浪費，而且家裡平時都是先生在整理，我不想在他面前做這件事情。」

說完之後，她眼淚就順勢嘩啦啦地掉下來！她丈夫在一旁看到妻子掉眼淚，當下沒有給予安慰，還說不理解她為什麼要哭？

我試圖把丈夫請到一旁溝通，建議他去理解妻子的行為模式，會比指責來得有用，並請他試著理解太太為何會缺乏安全感，以至於需要買這麼多東西。但是他當時選擇到別的房間獨處，不再參與我們的討論。

當我和這位委託人回到餐桌繼續討論時，我問她：「你可以告訴我你為什麼哭嗎？」

她回答：「我不知道……只是跟老師您談話，就會觸動情緒。」然後繼續掉眼淚。

因為諮詢當天有時間限制的關係，我沒有再探究更多，只能先稍微安慰她一下，並提醒她把注意力拉回到我們的整理計畫上。

大量斷捨離之外的選項

我告訴她：「你剛才提到關於三個空間的問題，其實原因都在於你的衣物量失控了！如果你可以把主臥室的掀床下清空，書房那些不常用的大型物品，就可以收納到掀床下。

另外，如果你願意把放在女兒房間衣櫃中的衣服拿回你的更衣間，我可以重新運用那一半的空間，做成你女兒的書櫃和回穿區，這樣她的書桌也能恢復整齊。只是我不知道，你有沒有決心要淘汰這麼大量的衣服？」

她仔細思考後說：「我可以丟！反正我早就覺得每年都要把掀床下的衣服搬出來換季兩次很麻煩，我早知道該斷捨離了，只是我需要整理師的陪伴，還有幫我擬

定計畫，讓我知道應該從何開始？但是……我也許無法淘汰掉一半的衣服，請問你還有沒有別的建議？」

我評估她主臥室環境後問：「有！如果你無法讓一半的衣物量離開，就只能替它們增加收納空間。窗前那一塊空間還可以增加一組斗櫃，如果把貼身衣物挪到這裡，更衣間只放外出服，你就只需要淘汰三分之一的量就好，而且以後也不需要再換季了。但是請問你有添購家具的預算嗎？還有，我需要確認在那半邊床睡覺的人是誰？你老公如果看到你買大型家具回來，你們是否會有衝突？」

她很開心的説：「沒問題！那半邊床剛好是我睡，買家具沒有問題。」

規畫有時間限制的整理流程

在與委託人討論一個多小時且確定執行方向後，我請她拿出筆記本與行事曆，以兩週內完成為整理目標，針對接下來要操作的流程，用倒推的方式一一制定完成日期。

115

✦ 步驟一：

　　將主臥室掀床底下、儲放在女兒房間，以及主臥室更衣間的衣服進行整合，把同類型的衣服放在一起，並開始做取捨。這個步驟需要在一週內完成，可在每天不影響日常生活的情況下，分配時間分階段操作。

✦ 步驟二：

　　由於諮詢當日，我已幫她丈量各空間的尺寸，並列出採購清單：包含需要買一個符合主臥室窗邊尺寸的斗櫃，依空間與收納量判定，至少要買到有六至八個抽屜的櫃子，另外還有更衣間、女兒房間，以及餐廳櫃內會需要的各式收納盒。

　　委託人可依照自己的預算和喜歡的樣式訂購，只是需要注意到貨時間，所有商品需要在十天內送達，如選購需組裝的產品，也要在我第二次到府做物品定位前組裝完成。

✦ 步驟三：

　　等主臥室掀床底下清空之後，可作為儲藏用途，將書房大型且不常用的物品移過去。

✧ **步驟四：**

由於她女兒房間裝潢櫃體做太滿，已無空間額外添購書櫃，放置大量的參考書與講義，因此我打算等到第二次到府時，要將衣櫃一半空間改造為書櫃，另一半則要做成污衣回穿區。

為了讓她日後方便取物，若能拆除衣櫃兩扇門片，讓它變成開放式空間會更好，因此我請委託人在這段時間內與老公商量，能否接受這項提議。

第一次諮詢結束後沒幾天，她丈夫就出遠門了，於是她便開始認真執行我給她的整理步驟，每隔幾天就會回傳進度照片給我，讓我知道她淘汰了多少衣物，有時候還連做一整天不停歇，讓我不得不提醒她要注意休息，避免勞動過度傷身。

當我第二次到她家前，她已經完成了前面的四項步驟，剩下的就是由我來依照她要留存的所有衣物，重新分配定位到各個收納空間。

主臥室窗邊已增添一個我幫她選的大型實木七抽斗櫃，我將衣帽間所有塞在層板和拉籃中的貼身衣物與居家服取出，分成七個類別收納在抽屜櫃中。

另外，去除更衣間部分層板區，改造為吊掛功能，並且調整褲子的收納方式，將添購的大型收納盒放置乾洗衣物與統整鞋盒，就能讓更衣間與臥室煥然一新，而且以後每年都不用再做衣物換季了。

　　那天委託人很興奮的告訴我：「這段期間我大量淘汰衣物時，真的很像在做心理治療。我會問自己，之前為什麼這麼沒有安全感，需要買這麼多東西？」

　　我問她：「那你有答案了嗎？」

　　她説有！

　　我跟她説：「那你現在可以再問自己一個問題：你現在是哪裡改變了？以至於不再需要寄託物品找尋安全感了？」

　　她説：「有喔！我也知道答案了！」

　　當我最後一次去她家整理其他區域的櫃子時，看到孩子也參與了部分行動，而且遠行的老公也已回家，還幫忙把所有她淘汰的裝袋物，開車送往捐贈處。

計畫的再好都比不上執行力

這個案子我總共到府三次，共計 11 個小時，在每次到訪並約定下次回訪的期間，她都非常努力的淘汰衣物。我建議她購買的物品，她也會立刻下訂不拖延，並且也會利用時間先做一些小範圍的整理。

到了最後一回，由於只剩下她女兒房間的文件盒還沒到貨，所以我只好先告訴她整理方式，後續讓她自行操作，三天之後，她也交出了漂亮的成績單！

看到她傳來的整理成果，我也忍不住讚美她很棒，並且告訴她：「你其實非常有整理天賦，可能比你丈夫還強，所以不要害怕與他溝通。」而她也很感謝我的鼓勵讚美。

這案子的所有整理程序都在我們的掌握之中，最後之所以能達到她的理想，委託人本身也是功不可沒。

許多人在預約整理師到府之時，會對整理師有很高的期待，有些委託人會以為，只要把所有期望和問題都丟給整理師去解決和執行就好，但如果在過程中委託人配合度不高，或是有拖延和猶豫不決的習慣，往往是無法單靠整理師就能「幫你」達成目標的！

每一位專業整理師一定都會希望替委託人創造出他們心目中 100 分的家，只是在這其中，委託人本身與其家人的角色也是非常重要的。我們的角色更像是策劃者與教練，但是要達到什麼樣的效果，大部分還是得靠委託人自己的意志與執行力而定。

　　案子結束後，她在我的粉專評論區中寫下：「謝謝你有系統地替我規畫，並且陪我走完整個流程，在過程中也有隨時和我溝通討論，讓我這次的整理非常順利，有你的支持和陪伴給我很大的幫助，謝謝你！我會好好維持的。」

個案五：獨到見解：找出矛盾點，提出新思維

（案例照片見彩頁第 10 頁）

　　只要是專業整理師都會知道，居家空間與商業空間的整理方式，會有很大的差異。但是對一般人而言，就算能想像這兩者之間一定不同，但是應該也很難列舉兩者到底差在哪裡？

　　如果是背後有專業團隊在做規畫的商業空間，一定會特別留意各項細節，但若是不太有整理概念的個人工作室業主呢？通常會用自己的慣性行為，去整理這兩種空間。

　　自己的家裡愛怎麼整理都無所謂，然而對於需要對外人開放的工作室來說，如果也用同樣的模式布局，就很有可能會影響到來客情緒、工作效率、營業額，還有自己想要營造的專業度。因此對於生財場域的整理，就顯得格外重要了。

生財場域的整頓，不可少

　　有段時間，我去一位旗袍裁縫師傅的個人工作室學習手做旗袍，上課的教室空間是小坪數的樓中樓格局，一樓是我們學員的活動空間，除了上課會用的桌檯之外，還有旗袍作品展示架，與零碎的裁縫工具，二樓是老師的私人領域與大部分布料和備品的收納空間。

　　當時我就發現，這位裁縫師傅有些收納上的不便與困難。例如：許多零碎縫紉小工具都在各式各樣的小紙盒裡，有些盒子直接放在檯面，有些在桌檯下方的架子上；要給學生與客戶選用的布料，都集中在一包包的大型塑膠袋中，或是把整落布堆放在層架平臺上，東西因此變得不太好拿取，也不美觀。此外，由於一樓活動空間的正中央，還有用來區隔前後區域的小階梯，所以也導致各區域的功能性與收納性無法統一。

　　在我們上到了最後一堂課時，聽聞裁縫師傅準備要搬遷到大一點的工作室，我也毛遂自薦地詢問她，是否願意讓我協助做新工作室的收納空間規畫？

　　一開始，裁縫師傅有點不太好意思，因為不知道我的收費價格，也沒聽過「商業空間的收納整理」，但後

來我主動告訴她，自己在上課期間觀察到她工作室空間的種種問題，然後提出自己能夠替她的新工作室做哪些規畫，包含新教室如何分區，可以讓動線更流暢、要買什麼家具與收納品，當然還有重頭戲——協助她進行所有物品的整理。

若這些細節在換環境的一開始就能規畫得當，往後就不容易發生凌亂卻不知如何調整的問題，還能提高她的工作效率，以及在別人眼中的專業度。看她聽我講完時本來還有點猶豫，後來我問她一個問題：「請問你喜歡整理嗎？」

她說：「不喜歡，也不太擅長。」

「那在我提出這個建議之前，你本來打算撥多少時間去整理搬遷後的工作室？」我繼續問。

她說：「有可能七到十天吧！」

我回她：「那您何不把自己不擅長的事情交給專業的人處理，然後用省下來的時間去賺更多的錢呢？你的工作室早一天整理好，不就能早一天開業嗎？如果你願意讓我幫你，我只要來兩天就能搞定了！而你省下來的時間，說不定都已經做完一件訂製旗袍，或是多招到兩個學生了！」

就在我告訴她專業整理與自己整理的差異後，她欣然答應了！

> 「花錢請別人代勞你不擅長的事，用省下來的時間去賺更多的錢。」

這句話我想送給所有商業空間業主，如果你願意花一些小錢，請專業整理師在短時間內整頓好你的生財場域，你便可以省下大把的時間與精力，發揮在你自己的專業上。

收納空間規畫前要做什麼？

◇ 步驟一：

我先請她提供新工作室的空屋照片給我，另外，請她將舊工作室準備帶去的家具和物品也都先拍照，以便我估算收納量和物品擺放的雛形。

✧ 步驟二：

　　請她在打包時先做好分類，然後把想丟的物品趁機做處理，不可以一股腦地把所有物品在不篩選的情況下搬去新空間。

✧ 步驟三：

　　等她完成搬遷之後，我去新工作室現場丈量和檢視所有物品的類別和數量，還有最重要的是「需求訪談」。

關於工作室的需求訪談

　　「需求訪談」是專業整理師在處理任何一項委託案時不可省略的環節！由於她在舊工作室已經累積了不少物品量，而且該空間都有訂製櫥櫃；而新工作室是空屋，所以除了能搬部分的活動家具到新工作室沿用之外，還需要另外添購一些大型家具和收納品項，才能讓整體空間的運用更加完善。為了能在她的 3 萬元預算之內精準選物，一定要對她有更深的了解。以這個商業空間為例，我在場勘當天詢問了旗袍師傅以下問題：

1. **新工作室的主要營業項目是訂製旗袍接單，還是要以開課為主？**

✧ 提問原因：

　　如果是以訂製旗袍接單為主，那來到這間工作室的訪客，會以經濟能力較好的中年女性居多，而且她們多半是過來選布料、量身，還有討論製作款式，停留時間通常不會太久。此時整體空間需要營造出專業度與舒適度，所以除了必要的裁縫設備之外，還需額外規畫比較大的展示區與休息討論區，且需注意選用物品的配色與質感，可能還需注意展現旗袍師傅的個人風格。

　　但如果營業項目是以開課為主，那前來這間工作室的訪客，就會有各年齡層的女性，由於上課時間較長，所以需要注意所有操作檯與裁縫物品的擺放位置，確保即使是在多人活動的情況下，動線依然流暢，互不干擾。在這情況下，施作與收納空間一定得大於展示空間，而且選用物品的配色，建議以乾淨的白色系為主，避免因學員久待現場而產生視覺疲勞。

2. **新工作室的租期多久？是一年一簽還是已簽長期約？**

✧ 提問原因：

　　這部分與我要替旗袍師傅選擇的家具和收納品有關。如果是短期約，代表變動性較高，所以不要選擇太昂貴又不好移動的物品；但如果是長期約，我就會建議她選擇比較耐用的款式。

3.　新工作室除了要擺放給未來學員們使用的工具與布料之外，還有多少她的私人物品需要收納？另外，要給學員們在課堂用的東西，是允許學員自己取用，還是由老師配給？

✧ 提問原因：

　　以上兩個問題都跟要選擇的收納櫃款式有關係！如果她沒有太多私人物品需要放置在現場，或可以允許學員自己取用工具，那我會以方便學員一目了然找東西的款式為主（開放式或透明）；但如果她有不少私人物品要收納在現場，或是不希望學員自己翻箱倒櫃，那就得購買一定比例的密閉式款式。

4.　在舊工作室的那些年，為何會選擇用塑膠袋包布料？還會用一堆廢紙盒裝裁縫工具？有沒有什麼特別的

原因？

✧ 提問原因：

　　我只是想知道旗袍師傅的這些收納方式，是因為「不得已」還是因為「節省＋取材方便」的堅持？如果是因為不得已或找不到方法，那只要能在她的預算之內，幫助她採購替代的收納品，她都會欣然接受；但如果是因為節省＋取材方便，多半會需要花一點工夫去說服她接受新觀念，倘若她執意要用這些方式收東西，我基本上會尊重她的選擇。

5. 來到新工作室之前，是否已經有先想好各區域想擺放哪些東西了？

✧ 提問原因：

　　這是我個人的工作習慣，一定會先聽聽委託人的想法，然後評估是否符合她所提到的需求。如果對方原本的規畫與需求有矛盾之處，我才會提出改善建議，但若是對方的想法對應空間條件很合理，我多半會以對方的意見做基礎，然後再錦上添花。

訪談結束後，得到的結論是：

· 以開課為主，只會接少數訂製單。

· 一年一簽的合約。

· 除了給學員自由選布料和取用上課工具之外，也有不少私人物品和高級布料想做收納區隔。

· 使用塑膠袋和廢棄紙盒收納，是因為不知道該如何整理，希望能有更好的方法。

· 入口處想放置展示旗袍的掛架，裁縫桌前方想安排給學員吃點心的休息區域，窗檯想要增設兩臺縫紉機，學員可坐高腳椅使用。

找出矛盾點，提供新思維

評估以上所述後，我幫裁縫師傅規畫出了展示區、收納區、課程操作區、休息茶水區，以下是其中幾個重點：

1. 裁縫教室要讓客戶與學生得到良好且舒適的感受，因此開門正前方需設置為展示區，這裡影響著大家進到這個空間的第一印象。展示區可以放置旗袍作品陳列、課程海報，以及未來異業合作

對象的手作商品，讓進門的人一開始就被吸引。

2. 縫紉相關的布料與工具眾多，盡可能將收納系統規畫在同一面牆，方便取物記憶與動線流暢。由於需要添購較高聳的大衣櫃，所以建議擺放在與入口同側牆面，一來是減少空間的壓迫感，二來是因為那面牆的面積最大，可以將收納功能做到最大化。

3. 捨棄原本的塑膠袋與紙盒收納方式，讓所有布料與工具都一目了然，並且展現美感與專業度。為了節省空間，可以用白色六斗櫃取代原來的電視桌，結合原有的家具色系，創造出整體感。用抽屜收納布料和小工具，是最方便拿取的方式，並且可以做到細分類。

4. 所有機器需定位在合適的高度，學生上課時才不會腰痠背痛，所以原本想要將縫紉機放在高窗檯上的方式並不可行，而且坐在高腳椅也踩不到踏板，不如與入口原本要做為茶水區的桌子交換，配置會更合理。

5. 為了區分旗袍師傅的私人用品、高級布料，與給學生上課的平價布料，我建議選購白色大型密閉

式衣櫃來儲存前兩項物品；而電視螢幕下方的六
斗櫃，用來放置上課用布料，在分區明確的狀況
下，能夠避免學生搞混誤取。

6. 老師習慣在課程中提供茶點讓學員自行取用，但
因為每位學生的休息時間不同，而且因為課程緊
湊，也不會花太多時間吃點心，所以我建議將休
息區規畫在窗檯，搭配高腳椅可看窗外，讓學員
能在埋頭縫製中，喘口氣放鬆一下。

討論完畢之後，我們更在工作室中實際走位，模擬
學員們上課時的動線順暢度和空間感，以確保到時候大
型家具定位時，學員們有足夠的走動與轉身空間可以拿
取所需材料，同時也感受裁布熨燙、車縫、拷克等作業
的舒適性。

很快地，在兩小時內，我們已經在網路上選定了所
有家具與收納用品，並且依照新工作室的開幕日，往回
推算產品下單日、送貨日和組裝日，還有約定好我第二
次到訪協助整理收納的日子。

以整理數量最大宗的類別開始

　　一切都按照之前安排的程序進行，到了整理日當天，新工作室除了裝箱裝袋的雜物之外，新採購的大型家具都已經先組裝好就定位了，**為了快速減少堆放在地面和桌面的物品量，一開始先整理數量最大宗的類別：布料。**

　　我們先將所有布料從塑膠袋取出，堆放在大桌子上，然後從大分類開始（師傅的私人布料、客訂款高級布料、課程使用的平價布料），再從這三類裡面，依布料材質做中分類（錦緞、雪紡、香雲紗、有彈性棉布、無彈性棉布⋯⋯等），最後再依花色做小分類。

　　折疊過程中，除了井然有序地配合斗櫃抽屜高度調整摺數之外，還預留了一些空位，並告知旗袍師傅，若未來布料數量和種類增加時，可依現有的分類區塊，調整折疊方式壓縮收納。

　　處理完布料之後，再開始整理縫紉線捲和裁縫小工具。其實在規畫初期，我有問她是否會想把所有的線捲用洞洞板或是立架擺設出來？但她怕不常用的顏色會很容易沾灰塵，所以後來才選用透明推車收納。

　　而縫紉工具的種類繁多，再加上還有裝飾珠扣等配

件,所以需要將它們先依左右斗櫃做大分類,再用小收納盒做細分類。而擺設的位置需考慮到課程中的使用頻率和拿取習慣,小零碎物品放斗櫃第一層抽屜方便取用,下方抽屜則是收納布料。

最後階段就是調整所有細部擺設以及布置環境。這個案子我只去現場兩天,從規畫討論到物品上架定位,未帶助理一人執行,總共只花七小時。

從照片中,可以看到整理前後的不同。

無論是要規畫哪一種空間,除了一般人熟知的整理程序之外(斷捨離+分類+定位),一定要先做好整理計畫,**唯有在釐清需求之後,才能有系統的將空間各區域賦予功能性**,也能精準採購物品。

完成這項委託案之後,旗袍師傅很開心的在自己的工作室粉專寫下回饋:「從這次經驗體會到收納整理的專業性,我期待穿著旗袍在課堂上拿取材料時,優雅轉身的自己。」

個案六：關於動線調整與空間配置的邏輯

（案例照片見彩頁第 14 頁）

上一篇旗袍裁縫教室的案例，講的是如何依據使用需求，運用空間配置與動線設計的技巧，規畫出最合適的方案。

這兩項技巧不只常用在空白的空間裡，其實當居住多年的房屋遇到以下兩種情況時，也會有動線調整的必要。

1. 經年累月的家具與物品量增加，需要重新挪動位置，才能讓空間變得舒服。

2. 原有空間被賦予的功能產生了變化，所以需要做些調整，才能讓生活變得方便。

無論要處理的空間是空屋還是有家具，規畫的邏輯都是一樣的。不要想著「我要把這個家具搬到哪裡」，而是以「**我要賦予這些空間什麼功能？這些功能需要搭配什麼樣的家具？**」的思路去處理問題。

一位藝術工作者的客廳與房間

這位委託人的家中,有著大量的工作用品、教具和作品。客廳有一面訂製收納櫃,放滿她的個人物品,大門斜對角的牆面,也擺著三組高矮不一的實木開放層架,其中一組的寬度,超出了通往兩間臥室的走道。

主臥室裡面除了有張雙人床之外,還有大衣櫃、用來堆雜物的書桌,和一組與客廳同款的實木層架,用來堆放進不了衣櫃的超量衣服。

另一間臥室的坪數較大,平時用來接待假日來留宿的親人,裡面有一大一小兩張床和一把單人椅,入口左手邊有一座超出衣櫃深度的工業風鐵架,入口右側牆面還有一組沒有在使用的鐵製作品展示架和不鏽鋼衣架組。

她找我去做動線調整,是因為對於各個空間現狀的混亂難以忍受,希望能把家具們大風吹,但是自己又沒有靈感,所以當我到她家之後,她很急切地想要跟我討論「這些家具到底應該怎麼改位置?」

我告訴她:「先別急!如果我光用家具的尺寸去拼湊你家的空間,可以提出至少 3、4 種組合方案,但這並不是動線調整的第一步驟。請你先跟我描述你的日常生

活，然後說明一下你目前都在這些空間做哪些事情？未來又希望賦予這些空間哪些功能？哪些家具可以離開？哪些要保留？還有目前的客廳和兩個房間給你最大的困擾是什麼？」

在大約半小時的對談過後。我蒐集到了以下資訊：

1. 她待在家中的時間很長，需要有一個專屬的空間可以在家工作與畫畫。

2. 到訪留宿的親人每個週末都會來，暑假期間也會待上兩個月。

3. 客廳的木質層架過於擁擠，她希望能挪進兩間臥室，但不知該怎麼擺。

4. 她偶爾會在客廳茶几工作，希望座椅能夠貼著牆，較有安全感。

5. 主臥室有一張她的書桌，但是她在主臥室裡面坐不住，無法專注工作。

6. 大坪數房間裡的鐵製作品展示架和不鏽鋼衣架組如果用不到，都可以淘汰。

7. 家中有一隻盲犬，只待在客廳活動，有亂尿尿的習慣，不會進入兩間臥室。

這個案子我總共去了兩次，當我第一次到她家時，依據她的工作性質與對各空間的新需求，與她確立了幾個方向，並且陪著她把部分家具挪動了位置。

建議一：將大坪數房間定位成她的工作室與客房，把客廳和主臥室共四組實木層架，與原本放在主臥室的書桌都挪進這裡，為了讓畫畫時有更多的操作空間，建議她只要保留一張雙人床，推到房間內部靠窗的位置即可。

建議二：原本的主臥室功能，只限於衣物收納和睡覺，愈單純愈好，將不鏽鋼衣架組搬進來，收納原本堆在實木層架上的衣服。

建議三：為了讓盲犬能夠更安全的在客廳活動，也為了能更方便清理牠的排泄物，建議盡量讓客廳保持清爽，不要擺放太多家具。

建議四：將要淘汰的床鋪、鐵製作品展示架……等大型家具清運之後，我們再約第二次見面做細部分類整理。

過了幾天之後，她告訴我，丈夫要求保留大坪數房間的兩張床，但是把它們全部都推到房間內部之後，原定要放在牆面的四組實木層架，現在只能放進兩組了，怎麼辦？

她說：「要不要把書桌再搬回主臥室？雖然我很喜歡上回你把書桌挪去工作室與客房的新位置，但如果現在為了要放進四組層架，而必須把書桌再放回主臥室的話，我也可以配合。」

我說：「如果你喜歡書桌放在工作室的感覺，而你也確定會坐在那裡工作，那我就不會再搬動那張桌子。因為如果我強迫你把書桌搬回你的主臥，它又會變成只用來堆雜物的功能，這樣有什麼意義呢？」

她說：「怎麼辦？剩下的兩組實木層架要搬到哪？」

我告訴她有三個方案：

1. 可以改變方位，繼續留在客廳。

2. 拆分一組放客廳、一組放主臥室，加上抽屜箱，改變收納方式。

3. 兩組一樣可以按照原來規畫，進入工作室客房，但是要把小床挪去目前的主臥室，然後變更兩個房間的功能性，也就是原本的主臥室變成單純的客房，大坪數房間變成主臥室加工作室。

我繼續說：「這種情況下，就可以在大坪數房間中容納最多你的個人家具，但是這個做法需要調換兩間臥室衣櫃的內容物，而且你也要思考一下，如果你和老公

改睡在大坪數房間，能否適應？」

接下來我又補充了一句：「家具可以擺在很多不同的地方，但是你需要先想清楚，自己到底想要怎麼運用這些空間，目的明確再做搬動，而不是隨便把它們搬去任何放得下的位置。」

她經過幾天思考之後，終於有了答案。於是，隨著第二次到府整理，我幫她把所有大型家具都重新做了定位。

1. 主臥室只維持衣物收納功能，除了雙人床之外，搬進一座較矮的實木層架，加上六個原本放在衣櫃內的收納箱，放置委託人的貼身衣物，空出衣櫃內的一區空間，留給她的丈夫使用。另外，也重新組裝鐵製作品展示架，用來收納兩人的包包與縫紉機。

2. 大坪數房間定位為工作間加客房，原本放在入口處的工業風鐵架，挪到書桌的側面，收納她的畫具，遮擋一部分床鋪，較有安全感與隔間效果。書桌對面的牆面，搬進兩組較高的實木層架，可以放置較多的個人物品。

3. 保留一組較矮的實木層架在客廳，收納家人孩童來訪時的玩具。

整理結束的幾天後，委託人傳訊息告訴我：「我孫女今天一來就說：『哇！房間好漂亮喔！我都不想離開房間了。』我女兒也說，沒想到床可以這樣擺。另外，我先生覺得不錯，也很高興他的衣服終於有一個自己的專屬區域了。」

網拍電商的家庭倉庫

另外還有一個空間配置的個案，委託人與五位家庭成員同住，她在家中經營電商多年，所以有許多貨品堆放在其中的一個小房間。

如今因為孩子要上國中了，她希望能把這個房間改造成孩子的獨立臥室，所以想把滿滿的貨架移到客廳區的一個L型空間，然後將該區目前擺放的書櫃和書桌，移進小房間給孩子使用。由於她不確定這個想法是否妥當，所以諮詢我的意見。

我問她：「你應該有先自行量過所有貨架的尺寸和貨品數量吧？客廳那個L區應該擺不下全部的架子對不對？」

她說：「對！放不下全部的架子，所以我在想，多出來的貨品可否往天花板堆疊上去？」

我回：「不好吧！地震時有掉下來的風險，不僅可能損壞你的貨品，砸傷家人就更糟了。」

她說：「還是可以把部分的貨品搬到頂樓去放？那個小房間裡還有一些我媽媽的雜物，也不知道該收納去哪裡？」

我說：「我們先別討論單獨區域的整理方式，先聊聊你的職業規畫吧！請問你在家經營電商多久了？之後是否還有打算繼續做下去？」

她說：「做電商大約有十年，搬回家裡經營大約是這幾年的事情，目前打算繼續經營下去。」

我回：「請你回想一下，自己的每月銷售量與進貨量，家中的這些貨品是否有持續增加的可能性？如果是，那就算你現在把貨架搬到客廳的那個 L 區域，過不了多久，你家客廳就會亂得更可怕。大整理是非常累的事情，你應該不希望動員全家人搬動這些東西後，只是為了維持幾個月的好光景吧！」

她沉默了一會兒後說：「所以你是建議我去租倉庫嗎？其實我有想過這件事情。」

我說：「是的！如果你的營收還不錯，更應該認真看待自己的事業，把家庭空間和工作貨品分開，也能給家人比較好的生活品質。你可以先去參觀一下離你家最近的迷你倉儲收費方式，做一個比較長期的規畫。」

　　兩個月後，我再次收到她的訊息，她告訴我，在那次諮詢過後的兩天，她就去參觀了附近的倉儲，然後考慮不到一星期就簽約承租了。接著，她花了兩個月的時間，把家裡的貨架、大型收納箱和所有貨品全都搬了過去。

　　她告訴我：「真的很感謝你之前跟我說這麼多，其實我很早就希望自己的貨品可以整齊擺放，也希望家裡可以恢復輕鬆自在的感覺。我的工作雖然自由，卻很消耗體力，也因為今年要給孩子一個獨立房間，才讓我有了改變的動力。但就像你講的，如果不做長期規畫，只是亂搬家具，真的沒有意義，謝謝你提醒了我很多事情。」

> 物品、家具與居住空間的存在和定位，都是為了服務人，所以在做規畫與調整時，要切記：「以人為本！」在慎重思考前，不要耗費精力去做無意義的事情。

本章重點整理

21. 大整理需要訂出最終完成日。

22. 提前規畫你的整理預算。

23. 整理的順序依照你對自己的了解程度來決定。

24. 全部下架與分批整理法都有各自適合的族群。

25. 面對抱怨時，不能只聽一個人的聲音。

26. 先處理情緒，再處理問題。

27. 多口之家一樣能規畫出適切的整理方案。

28. 找出混亂的源頭，就能解決大部分的問題。

29. 計畫的再好都比不上執行力。

30. 花錢請別人代勞你不擅長的事，用省下來的時間去賺更多的錢。

31. 唯有在釐清需求之後，才能有系統的將空間各區域賦予功能性，也能精準採購物品。

32. 在做規畫與調整時要切記：以人為本！

第四章

培養維持的觀念與習慣，
是為了不辜負自己

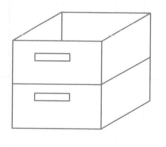
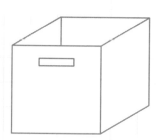

控制物品數量是什麼概念？

　　簡單一句話來說就是：「**有多少空間，就只能放多少物品。**」

　　以居住空間舉例，假設有一個小家庭，夫妻加上兩個孩子共四人，住在一個室內 25 坪三房兩廳的房子裡，每個人都有自己的獨立空間，生活過得相當舒服。突然有一天，小夫妻發現自己又要迎接新生命，這時公婆也要搬過來同住幫忙照顧，原本剛剛好的空間，突然變成要住七口人，大家還能過得舒服愜意嗎？

　　物品也是一樣的道理，原本已經給它一個固定的收納空間，結果你又帶回一堆它的同伴，在物品過量的情況下，一般人的做法就是看看家中其他區域哪裡還有空位可以放，或者乾脆隨意放在地面或桌上。如果硬要把它們全都塞進原本的空間裡，物品可能會因擠壓造成損壞，因無法透氣而長蟲發霉，或是因為跨區收納而被你遺忘放到過期，無論是上述哪一種方式，都會讓家中逐

漸變得髒亂不已。

　　說實在的，若真要用**空間大小限定物品數量**，必須得非常自律才行！雖然嚴苛，但這的確是能讓家中長期維持良好狀態的生活方式。

　　但是我們總會遇到偶爾失控的時候，像是團購便宜的生活用品、親友給太多的恩典牌兒童衣物，或是難得出國玩一趟，不買東西對不起自己！

　　當你遇到某類物品突然增加，以至於原本規畫的收納空間已經放不下的情況時，有下列五種解決方式：

◇ **方案一：**

　　在現有的收納區域中，針對該類型物品執行「**一進一出原則**」，也就是多收納一樣新的進去，就得淘汰掉一樣舊的。此種方法適用於服飾、鞋子、包包、書籍、鍋碗瓢盆……等非常態消耗型用品。

◇ **方案二：**

　　如果你實在無法淘汰同類型物品，也可以淘汰其他類型的物品，以騰空家中現有的收納空間。例如：如果你把書籍和收藏的 DVD 放在同一座櫃子中，當新書增量

且無法淘汰舊書時，可以考慮淘汰掉一些 DVD，然後調整一下收納排列方式，把書籍放進去。當然，你也可以用同樣的方式，重新調整衣櫃、玄關櫃、廚房櫥櫃和儲物間等收納空間。

✧ 方案三：

在現有的收納區域中，增加收納空間！無論是換一個容量更大的家具，或是再添購同功能的收納產品，都能迅速解決物品過量的問題。此方案適用於所有物品，但條件是必須有採購預算，而且該區域還有位置可以增加家具（此做法可參考第三章個案四）。

✧ 方案四：

將多出來的物品，放置在家中的其他區域。但是這種方式需要將該類型的物品重新依照當下的取用頻率，分類為「使用中」和「庫存品」、「常用」和「不常用」或者是「當季」和「非當季」，如果家中有儲藏室，就可以用這種方式收納換季衣物、效期較長的食品和消耗型生活用品，然後在原有區域的收納空間中，只保留當下會使用的物品。

✧ **方案五：**

承租迷你倉儲。這個方案是針對家中沒有多餘儲藏室，屋內所有收納空間全滿，加上能淘汰的物品量有限的家庭。

除了方案三中所提到的那些當下使用率較低的物品之外，也能把收藏類型的物品（例：藝術品與書籍）、未來型的物品（例：孩子必須等過幾年才會使用的衣物），還有季節型的物品（例：節慶用裝飾與占空間的電扇、暖氣）移到迷你倉儲。

此方案的好處是可以換來較舒適的居住環境，缺點就是會增加每個月的額外支出。

我個人是長年使用方案一，那對我來說最方便，也不太需要時常做大整理。一進一出的好處是還能順便克制不必要的消費，有時候對自己狠一點，甚至還採用「一進二出」，這種取捨法我常用在購買衣服和鞋、包時，如果我很喜歡自己的舊物，也會因為想留下它們而不購買新品。

至於我家裡的那些消耗型物品，則是永遠都不會超過我替它們安排的收納空間！除了冰箱裡的食物之外，

我幾乎不團購，每次都是等該類型物品用到所剩不多時再添購，因為我認為家裡舒適度的重要性，大過於囤積大量折扣商品所省下來的錢。

　　你的價值觀造就了目前居住空間的模樣，這沒有對錯問題，全都是個人選擇！

物歸原位的習慣從小地方養成

　　你出門回家後，會立刻整理當天使用的包包嗎？出國旅行回來後，你會在幾天之內整理完行李箱？

　　針對上述兩個問題，如果你的答案是：會！一天之內！那恭喜你，已經有了物歸原位的觀念，而且我相信，在如此有效率的整理習慣下，你的居住空間應該是舒適整潔的。

　　我曾經遇過一位預約諮詢的委託人，她家中的桌面和地面都堆滿各種類型的雜物，客廳和房間的地上也「甩」滿好幾個紙袋和包包，看得出來她的生活十分隨興。

　　我告訴她：「如果你的生活習慣不改變，即使花錢請整理師來協助，一定很快就會再度復亂。」

　　回家東西亂扔、懶得收拾，每天看似偷閒的日子，代價就是要付出雙倍，甚至 N 倍的時間，才能讓空間恢復秩序。明明每天花十分鐘就可以物歸原位的東西，但就是不願意去做，逐日累積亂堆的物品量，直到把家堵

到透不過氣時，才會發現已經全面失控。

然而為了要騰出這個「整理的時間」，可能又需要犧牲掉自己的休閒與娛樂時間，如果不願意為了整理而犧牲這些時間，就只能花錢請人代勞，或是日復一日在亂七八糟的環境下過生活。

我就問：「每天偷懶十分鐘，然後換來這些後果，值得嗎？」

她問我：「那要如何培養物歸原位的習慣？」

我跟她舉了一個例子。

假設我今天帶這個包包出門工作，裡面裝了錢包、捲尺、口紅、鑰匙、筆記本，這些東西在我家分別被收納在主臥室的包包櫃、客廳工具抽屜、梳妝臺抽屜、玄關區，以及書房的書桌上。

外出包內容物

當我回家之後，無論再累，我都會把這個包包內的所有物品放回原位，然後把清空之後的包包收進包包櫃裡，即使我明天有可能還是要帶這個包出門，我依然會在今天回家時做這件事。

委託人問我：「既然明天可能還會使用，為什麼要整理？」

我回她：「沒有為什麼，這就是我的習慣，因為明天的內容物可能會有變化，而那是明天的事！」

同理，很多人家裡的廚房流理臺上，會放一組瀝水架，這個工具其實是用來「暫時存放」洗好的碗盤，等餐具都晾乾了之後，應該要把它們收回「原來的地方」，但很多家庭的餐具，從來都沒有回到「原來的地方」。瀝水架上 24 小時都是滿的，乾的再疊上濕的，最後淪為開放式的餐具收納架。當架子堆滿之後，洗好沒地方放的杯具碗盤，會開始蔓延到整個流理臺，進而壓縮到其他廚房物品的擺放位置，混亂的災難就是這樣產生的！

如果問他們：「為什麼不把餐具收回櫃子裡？」

得到的答案都會是：「因為下一餐或是明天可能還要用。」

瀝水架只是餐具
暫時晾曬的地方

等餐具乾燥之後
記得讓它們歸位

　　所以看出結論了嗎？如果對常用物品抱持的態度都是：「反正之後還要用，就先在這裡暫時放一下吧！」自然就無法養成物歸原位的觀念與習慣。如果想要讓家成為一個能安放身心的舒適居所，就請讓每天使用後的物品歸位！不要創造出一堆「暫時放一下的地方」，因為所謂的「暫時」很容易變成「永久」，永久到你終於想整理之時，已經變得力不從心。

切記：之後是之後的事！整理是現在的事！

創造有彈性的生活空間：
多使用活動家具與多功能產品

（案例照片見彩頁第 16 頁）

我個人喜歡使用活動家具多過於訂製固定的收納櫃，至今裝修過三間房子，都是用大約 70％活動家具和 30％固定式的收納櫃，來做空間規畫。

一般來說，居家公共空間的功能變化性較少，客廳、餐廳、浴室、廚房這些區域，可以提高固定收納櫃的設計到 40％ -60％。但是針對各房間區域，除了睡覺的功能之外，還有可能會變成衣帽間、儲藏室、書房、遊戲室、視聽室、工作室、多功能客房……等，如果固定收納櫃做好做滿，將來要更改使用功能，需要放置其他大型物品或更改收納品項時，就會變得很麻煩。

我見過一些委託人因購買裝修太多訂製櫃的中古屋，或是住在長輩留下來的房屋時，因為不想花錢拆除與重

新設計屋內的收納空間，導致後來的生活變得一團混亂。

比方說，在一些老式設計中，經常會看到家中的所有臥室，都已用木工或是系統櫃做了一整面牆的衣櫃，加上固定的床頭板和兩個床頭櫃，還有一長條的書桌與書櫃。如果新的居住者並不想把那些房間當成臥室使用，在不重新規畫收納設計的情況下，就很容易把雜物亂堆在地上或是書桌上。

所以我建議房間最多只做 30% -40%的固定櫃即可，除了作為臥室的房間，可以做一整面牆的固定衣櫃之外，若非必要收納特定類型的物品，甚至可以直接留白，全面使用活動家具，以便應付未來生活中不同的階段性變化。

以我家來說，當初買房子做完水、電、泥作、油漆……等基礎裝修之後，兩間臥室除了原屋主留下來的一面壁櫥和弧形櫃之外，我沒再花錢做任何木工或系統收納櫃。一來是因為想省錢，二來是因為當時還沒確定這兩個房間的功能性，所以想全部使用活動家具，日後可以再視情況漸進式增減，後來也的確應證我當初的決定是對的（細節與照片請見第五章第一節）。

光是在 2019 年底買的兩座白色書櫃，我就至少換過

四次不同的擺放位置，收納過三種以上不同類型的物品。就連一張白色書桌，也被我擺放過五個不同的地方。

到了 2024 年，因為我和老公的生活作息有了改變，為了不打擾彼此的睡眠，我把原來我個人使用的書房，改成給老公的獨立臥室。除了增添他的床鋪外，其他的活動家具也都大風吹了一下，一樣沒丟地給它們安排了更適合的位置，這有點像是玩積木的概念，大家可以從照片中看到，這些家具在不同時期可以有不同功能的變化。

如果你也和我一樣，喜歡多變化的空間，或是你目前居住的房子在未來幾年之內較有變動性，例如出租、增減人口、改成居家辦公⋯⋯等，都可以考慮使用方便挪動的活動家具。而在款式的選擇上，以收納櫃來說，與其挑選一個不好搬動的巨人高櫃，不如選擇兩個可組合和拆分的小櫃子。

像是 IKEA 有一款 KALLAX 層架組（77cmX147cm），我就很常推薦給委託人使用，它可直立可橫躺，可當隔間，適用於家中多種空間，還可另外選購抽屜、門片、收納箱⋯⋯等零件，目前市面上也有許多同款概念的家具可以選擇。

除了多選用好挪動的活動家具取代訂製收納櫃之外，多功能家具也非常適合居住坪數較小的家庭與家有幼童的族群。

　　人生中有不少階段必須為了當下生活所需而做出一些妥協，比方在下面這個案例中，會看到原本主臥室的窗邊，擺著兩個與空間不太貼合的五斗櫃，據委託人告知，那是因為當年寶寶出生時，她必須將嬰兒床貼近自己照顧而不得已的擺放方法。

　　但是當那些特殊階段過去之後，空間的功能性又會發生改變。像是寶寶長大了，不會再用到的嬰兒床和尿布檯，就可以拿來做其他的利用。

　　這時候，當初所購買的家具款式就相當重要了。在這個案例中，由於委託人的期待正好是希望能在臥室內找一個角落，放置一張書桌，她不希望總是在餐桌上使用電腦工作。

　　當我幫她確定好未來書桌擺放的方位之後，正在煩惱多出來的嬰兒床與尿布檯該挪去哪裡時，委託人告訴我，她記得嬰兒床可以變形改成書桌，當時我聽到這消息為之一振，根本不用考慮，就請她老公立刻重組。

　　後來我將兩組五斗櫃擺回了原本放嬰兒床的牆面，

與化妝檯並排，然後馬上把用嬰兒床改成的「新書桌」放定位，將小型收納箱移到桌下，將右側原本用來收納營養食品和雜物的白色窄櫃，改成放置她出差時才會用的旅行組，創造一個專屬於她的工作空間。

　　其實在現在這個資源氾濫、垃圾量過大的世界，如果可以盡量選購多功能商品，也算是為地球環保盡一份力，一物可多用，質感又好的家具可以陪伴我們很多年。而針對小坪數家庭，在選擇沙發和床的款式上，如果選購附帶收納功能的產品，也可以替自己增加較多的收納空間，並可減少購買太多收納單品。

培養十個保持居家整潔的新習慣

I. 當天帶回家的物品要立刻整理

很多人會習慣性的把外出帶回的衣物，隨手往玄關、餐桌、地上或沙發上扔，有的人甚至一放就是好幾天。那些逐日累積的採買用品、提袋、包裹、外套帽子，還有幾天換一個的包包，就是讓一個家逐漸步向難以收拾的原因！

如果你能從現在開始培養新習慣，只要外出有帶東西回家，就立刻花 5 到 10 分鐘將這些物品歸位，包含你清空後的紙袋，和當日使用的提包內容物，這樣至少可以減少家中一定程度的雜亂。

2. 隨手整理發票和零錢

這和第一個建議有點像，但卻是更細緻的整理。如果你能開始使用載具，也可以減少紙本發票和明細的數量，但如果你像我一樣，還是喜歡拿著紙本發票對獎，那麼一定要隨手整理皮夾裡的紙張，該歸檔的歸檔收納，可丟棄的明細和用不到的折價券，當天就可以扔了。

另外，到處亂放的零錢，也是很多人的壞習慣，有些人不喜歡在皮夾中塞一堆銅板，建議可以找個筒子或收納盒放置在玄關，一回家就立刻將零錢投入，既方便又整齊。

3. 定期分類帳單和順手淘汰家中紙張

拿回家的傳單、過期的型錄……等等，這些物品可以每隔幾天就順手清掉，而帳單類和其他較重要的文件，則需要每隔幾個月就分類歸檔。相信我，定期整理只需花你十分鐘，你絕對不會想要累積到一大堆紙張後再慢慢處理。

另外，如果你願意的話，改用電子帳單也可以大幅減少垃圾量和整理時間。

4. 不大量囤貨，控制家中物品數量

在臺灣買東西太方便了，除非是像前幾年疫情隔離所需，否則實在沒有必要在家裡囤積過量的生活用品。我們很常在委託人家中清出大量過期的食品和商品，原本為了省那幾十塊優惠而多買的東西，到最後進了垃圾袋反而造成浪費。用家中現有的收納空間，來限制能儲存多少數量的東西，是比較實際的方法。

5. 用完的東西物歸原位

這一點我應該不用再說明了，就是字面上的意思，但是如果你家中的物品幾乎都沒有「原位」，或是一直以來都是沒分類的隨便放，那建議你得先安排一段時間做一場大整理。

6. 看到髒汙馬上清理

　　廚房和浴室通常是家中的兩個髒汙重災區，廚房只要在使用時有造成油漬噴濺，最好就是趁著周圍還有一點熱度時順手擦洗。我的做法就是拿洗碗海綿或是抹布沾一點洗碗精和熱水，立刻擦乾淨瓦斯爐、牆面和檯面，千萬不要累積油垢，之後得花更多時間去處理。

　　再講到浴室的部分，無論是浴缸、洗臉檯或是地面，也都是在使用時就順手一併沖洗乾淨，我寧願每天花三分鐘打理這些地方，也不要累積到藏汙納垢之後再費力刷洗。

　　至於家裡的其他空間，如地板和其他平面之處，我是用無線吸塵器和手持除塵紙隨時打理，一天其實只需花個半小時就能處理乾淨。最後，髒衣簍子滿了就要洗，垃圾和回收物該丟就要丟，都是同樣的道理。

7.用餐後一小時內洗碗

這一段是給家中沒有洗碗機的人看的，如果說要吃完飯後馬上洗碗，有點不近人情，畢竟吃飽後會有點犯懶，但是最好還是盡快去清理水槽，免得泡水的餐具孳生細菌，而且看到一堆髒碗盤在廚房裡待太久，誰都會感到有點煩。

8.睡覺前巡視一下屋子

新習慣是需要花時間培養的，上面的幾個建議，有時難免會忘記完成，那麼，在睡前正好可以花個五分鐘檢查一下，有沒有當天帶回來的東西還被丟在玄關、客廳？餐桌上有沒有隨手亂放還沒收的物品，睡前把家裡稍做整理，隔天早上起床後心情會比較好。

9. 半年至一年檢視家中所有櫃內物品

舉凡衣櫃、廚房收納空間、儲藏室、書櫃……等等，家中任何隱蔽式的櫃子都需要定期打開檢視一下。我建議可以安排在每年農曆年前的一到兩個月，替家中不再被需要的物品安排新的去處，也可以順便看看櫃內有無因存放物品而發生變化，例如發霉或長蟲之類的問題。

10. 布置你的房子

是的，布置也可以是一種習慣！除了生活所需的家具之外，替房子增加一些放鬆氛圍和美感，都能讓人更愛惜自己的生活空間。當你用心去布置它，房子就不再只是一個讓人過日子的地方，它能真正成為你身心靈安放之處。

無論是你的收藏品、一盆你能照顧的綠植、去大賣場購物時順手買的一束花，或是適合你們家風格的配飾，都是你可以布置的方向，把家裡弄得美美的之後，通常也比較不忍心去破壞環境了。

本章重點整理

———————————

33. 你的價值觀造就了目前居住空間的模樣。

34. 用空間大小限定物品數量，是能讓家中長期維持良好狀態的生活方式。

35. 之後是之後的事，整理是現在的事！

第五章

活用整理計畫：制定人生中的重大「房事」

- ✧ 婚後十二年，我終於買了屬於自己的房子
- ✧ 成功協助父母跨城市換屋的全紀錄
- ✧ 活用住屋，讓我們每年增加被動收入
- ✧ 家人們的遺物整理，理性與感性如何平衡
- ✧ 本章重點整理

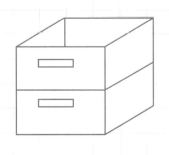
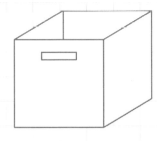

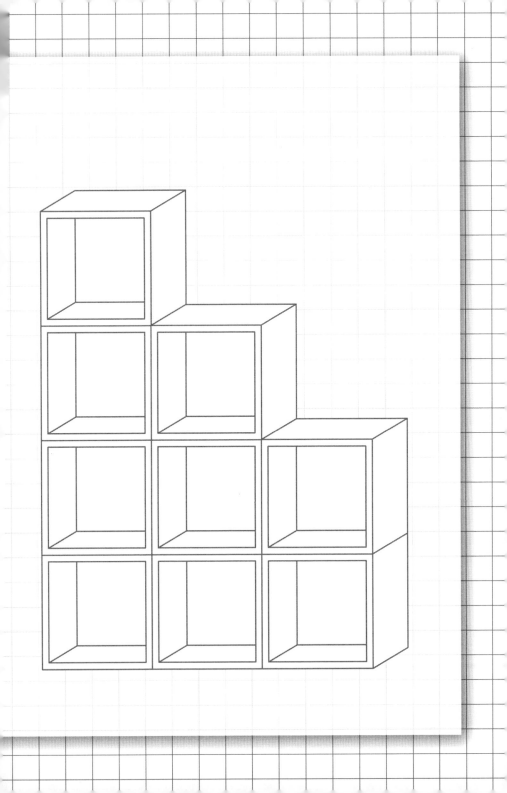

婚後十二年，我終於買了屬於自己的房子
（從動機、計畫到行動拆解及時程表）

（案例照片見彩頁第 18 頁）

記得從 20 歲剛出社會的時候，我就幻想著未來總有一天，一定要買一間屬於自己的小房子，而且最好要有大窗戶，陽光要能照進屋裡。

會有買房的想法，是因為我深信「安全感」這三個字只有自己給自己才踏實，所以即使在我 27 歲那年結婚後，住進了夫家準備的婚房，我依然對買房子這件事情沒有死心。只是年輕時工作時常換來換去，在收入不穩定的狀態下，買房的夢想離我愈來愈遠。曾以為這件事大概跟我是一生無緣了，沒想到在 2019 年，我 40 歲之前實現了願望。

從十七年上班族時期的月光族，到後來自己創業成為整理收納顧問，經過幾年努力後，終於存下頭期款成功置產。後來有人問我：「既然你都結婚了，在夫家也

有房子可住，為什麼還要自己辛苦買房？是因為覺得女人有間房子比較有保障嗎？」

我回她：「我買房只因為那是我從小的心願，與我是不是女人、有沒有結婚無關，不是因為把自己當作潛在受害者的角色，怕被老公拋棄才去買房，就只是一個獨立個體的自我實現！」

話雖如此，但其實當年，在我準備要開始看房子時，也曾一度被兩個問題卡住：

1. 要買什麼樣的房子？套房還是一房一廳？還是等再多存一點錢買兩房或三房？
2. 買這間房子要做什麼用途？出租？度假？存錢？還是搬過去自住？

買房也需要做計畫與訂目標

話說在 2018 年中旬時，我的頭期款金額，大約只夠支付中、南部大約 200 到 300 萬元的小套房。

當時我正好因教學之故，在臺中短期居住三個月，因為喜歡當地的環境和天氣，所以就沿著租屋處附近的

171

草悟道和臺灣大道看房子。在還不確定自己目標的情況下，我只敢在自己的預算內找房子，還差一點衝動對一間室內只有 9 坪的中古大套房下斡旋金。

然而後來與老公討論之後，我們都覺得如果買這間房子是用來度假的話，太小的空間住起來會很壓抑，未來也不容易脫手；如果要用來出租，臺中距離我們基隆住家太遠，如果房客有什麼狀況需要我去處理，通勤時間成本也太高，再加上不到 15 坪的物件，銀行貸款成數也較低，所以後來決定放棄在臺中買房的想法。

到了 2019 年，頭期款金額又多累積了一些，所以我開始改看桃園重劃區，付款比較輕鬆的預售屋，只是沒有一間能讓我下定決心。主要是因為我對未來周圍的生活機能不太有信心，也不確定蓋好的房子與預售期間的規畫是否會一致，看了一圈之後，我覺得自己還是適合眼見為憑的東西，所以決定開始去看中古屋的兩房物件。

就這樣又過了半年，看了很多兩房格局的中古屋之後，始終拿不定主意，原因只因一個「怕」字。因為是人生中第一次買房，要花這麼多錢的情況下，當然很怕做錯決定，怕選錯房子買了會後悔，也會害怕從購屋開始就要背負三十年的房貸壓力和增加生活支出。我甚至

還為了解決這種焦慮感，去上了房地產與金融理財課程，來拓寬自己的知識與眼界。

後來我才想明白，「**買房的目的**」關乎於選房子的方向，如果目標不夠明確，看再多房子都是浪費時間。所以我跟自己重新溝通了一番，列出了理想中的目標清單：

1. 不要因為想買而買，也不要只在預算內勉強選擇，選到合適的比較重要。

2. 買房用途先以自己會想住進去的物件為主，可以考慮出租，但不租也行。

3. 因為還有毛孩子，夫妻也需要獨立空間，室內坪數至少要 15 到 20 坪，兩房剛剛好，如果能買到三房的更好，另外，一定要有車位。

4. 室內一定要有良好的採光，如果窗外能有漂亮的景觀更好。

5. 希望已有我喜歡的基礎室內裝修，這樣裝潢費用可以省點錢。

6. 排除公寓和低樓層，首選電梯大樓高樓層，屋齡三十年以內。

7. 不以住到終老的房子為目標，要保有將來換屋的可能性。

8. 列出買房預算範圍與最高可接受的價格，每月還款金額控制在 2 萬元以內。

9. 一定要買在生活機能完善的地方，附近要有平價小吃，想買什麼幾乎都能買到。

10. 因為每天都需要遛狗，所以社區最好要寵物友善，附近也要有公園。

你們相信嗎？當我把目標清單列出來之後，我那間「命定的房子」就出現了！而那些原本讓我擔心害怕的事情，也全都消失了。

房子會選主人

2019 年 10 月 1 日那天，一大早起床後，我就非常固執地跟我老公說：「我今天想去桃園看房子！」不知為何，直覺告訴我，當天非做這件事情不可，誰都攔不了我。

我們上午從基隆出發前，我隨便在房屋交易網站上選了四間房，約好仲介之後就開車前往桃園，一路上我繼續滑手機看房，抵達桃園後，陸續看了三間都沒有感

覺，其中一間房子甚至趕我們出去，當時我跟老公同時踏進某間空房的主臥室時，我們兩個人都突然感到一陣劇烈頭痛，但是一離開房屋之後馬上就好了。

我還問仲介：「你會頭痛嗎？」仲介說他沒感覺。

這裡我要特別提醒：房子會選主人，如果你去看屋時身體突然不舒服，或是小孩哭鬧、小狗亂叫……等情況發生，請直接離開，因為磁場不合這件事情是不會騙人的。

我後來買的這間房子，在當年看屋那天被我排在第六間，原本在房屋交易網站上滑到時，看到開價覺得超出自己的預算太多，不可能買，只是當時腦中出現一個聲音：「去看看再說啊！就算是欣賞一下也好。」

結果當仲介領我們進門時，我一看到客廳那扇窗，還有灑進室內的陽光，屋內能量實在好得不得了！頓時忍不住內心的澎湃，用手搗住了嘴，只怕自己大聲叫出來：「就是它！我找到了！」

很多人都說，看屋時最好對仲介或屋主隱藏你的喜好，以免價格砍不下來，但是我根本連演都不演的馬上告訴仲介：「我愛死了！拜託你跟屋主說，我愛上他的房子了！」

我老公在一旁翻我白眼，離開後還説我不該把喜愛寫在臉上。

一般人為了要殺價，總會在看屋時嫌棄個兩句，找任何理由砍價格，但這一招其實對已經無房貸壓力的屋主並不管用，況且這個物件除了開價超出我的預算之外，其他大部分的條件已經貼合我的期待，所以我實在沒什麼好嫌棄的。只是這間房子已是二十多年的中古屋，雖然現狀維持得很不錯，但仍有不少問題。

看屋回家之後，我久久難以忘懷它帶給我的喜悦感，但還是考慮了兩天才詢問仲介關於出價的事情。對方告訴我，之前已經有其他人下了斡旋，但是屋主沒有同意，所以我如果真的有興趣出價，也必須等到議價期限過了，破局之後才行，也就是得等候五天左右。

沒有十全十美的房子，重點都在於自己的取捨

買房是人生中的大事，在看中某個物件，下訂金或是斡旋之前，可以試著把優缺點都詳細列出來做比較。如果缺點無法克服，或是缺點比優點多，那麼即使第一

印象再喜歡，也不建議衝動購買。反之，則要想盡辦法把握良機！

　　我個人當初是針對該房屋的硬體、周邊環境、社區優劣和未來潛力這幾項，做優缺點的分析。

　　先來說說優點吧！

✦ 硬體：

　　三房改成兩房的格局、兩間完整衛浴、半開放式廚房、小玄關與後陽臺，室內坪數 21 坪，售價包含一個平面車位，基本上完全符合我的要求；全屋皆有大窗戶與好採光，與我夢想中的房屋不謀而合；位於十三樓可以看到景觀，窗戶面對大公園，有「永久棟距」，這項優點無價。

　　全屋室內裝修已有我喜歡的法式天花板，客廳與小房間也有實木地板，不用再花錢重做；全屋的固定收納櫃數量合宜，風格也符合我的審美，所以不需要拆除任何醜裝潢，大部分的空間都可以讓我使用活動家具，發揮布置的創意。

✧環境：

　　地段好，步行到桃園藝文中心精華區、餐廳小吃、傳統市場、銀行與郵局等，都只要十到十二分鐘就能抵達；住家附近步行五分鐘內有兩個公園，其中一個還是寵物示範公園；開車六分鐘上高速公路，步行六分鐘有三個直達臺北的客運站；開車五分鐘到大賣場。

✧社區：

　　因為我後期看房都在看中古屋，所以會特別注意社區居民和公共設施的維護狀態，畢竟千金難買好鄰居！從一個老社區的公設能夠看出許多事情，在看屋期間我發現到，很多超過二十年的社區游泳池都已荒廢乾枯，或是淪為放盆栽的空地，但是這個社區的泳池卻持續開放，而且花草樹木都被照顧得很好。這代表著大部分的住戶們都有定時繳交管理費，也有共同維護公設的意識。

　　我們前後來這個社區看房兩次，無論是在電梯內或是中庭遇到的居民，幾乎都會與我們點頭微笑，很有禮貌，就連門口的警衛都很親切，讓我深深相信這社區的居民水準很高。選擇素質高的社區，未來生活可以少掉很多煩心事，因為只要大家都有基本的道德禮儀，遇到

事情就可以講理。

另外，如果要觀察一個中古社區的現狀，除了觀察居民、物業人員和公設環境之外，還可以看一下電梯裡面都貼著什麼樣的公告。

✧ 潛力：

無論買房的初衷是為了自住、出租還是存錢，挑選物件時都要衡量未來是否容易脫手！因為現代人的生活型態與機會較以往多元，隨著不同需求換屋居住的可能性，已經比老一輩的人還要多，所以看準房屋的潛力很重要，別再抱著買房就是要住一輩子的觀念去做選擇。

我看上的這間，無論是室內坪數還是房間數量，都是目前房地產市場中最好賣的格局，就算再過幾年都不會退燒。如果能改善屋況缺失，搞不好未來還有增值空間，所以我不想因為眼前的困難重重就輕易放棄。

說完了優點，再來看缺點。

除了屋主開價金額超出我預算快 200 萬元之外，其他所有的問題都出在房屋的硬體設施上。

1. 客廳和小房間的採光很好，但是因為方位面西南

方，造成室內非常悶熱，我去看屋時已經是十月，如果在窗邊站久了，那個熱氣依然讓我有點受不了，所以當時我已有心理準備，買下之後必須解決溫度的問題。

2. 舊廚房流理檯旁邊的空間只有 60 公分，寬度太窄無法放冰箱，櫥櫃內骯髒生鏽，收納空間也不足，瓦斯爐壞掉。如果要買下它，廚房必須全部拆掉重做。

3. 主臥室的按摩浴缸水管破裂漏水，馬達也是壞的，所有五金都生鏽，馬桶跟地面還有高低差，所以也必須打掉重做。

4. 室內窗戶幾乎都卡死打不開，主臥室最嚴重，如果要更換全屋窗戶也是一大筆開銷，除非能夠只靠修繕解決問題。

5. 主臥室地板是亂貼的塑膠地板，第一任屋主把一大一小房打通成一大間，但是施工沒做好，造成地面凹凸不平，所以也需要拆掉，重新鋪設超耐磨地板。

6. 客廳廁所洗手臺破裂，五金生鏽，需要更換設備。

7. 室內三臺壞掉的冷氣，全都包覆在天花板裝潢下方，而且沒有開維修孔，這一點最糟糕，需要請廠商來評估，如何在不拆除天花板的情況下換冷氣。

8. 需要重新更換部分老舊電線和新增迴路。

這間房子的狀況這麼多，想也知道除了頭期款之外，勢必得在裝潢上花不少錢。我問自己：這間房子的優點能否贏過這些缺點？然後……這些缺點能否一一克服？

答案是：有、可以克服，只是會很辛苦。

但如果我不買的話，將來一定會後悔。於是在幾天之後，當仲介告訴我上一位付斡旋的人談判破局，我就出價了。

屬於我個人的幸運

從第一次看這間房子到完成簽約，我只花了七天！

這過程有如電影情節般的不可思議，所有原本有點困難的事情，後來都變得十分順利。當我出價時，有先

向仲介詢問上一位出價者破局的原因，同時也問到了屋主心中想要的價格。另外，我還詢問了有關於屋主的職業背景與年齡，還有賣房子的原因。

仲介告訴我，這間房子是屬於某間公司的資產，早期租給員工，後來幾年都用來堆放文件，如今文件保存期滿已銷毀，公司就想把這個資產處理掉。至於上一位出價者破局的原因，是對方希望屋主能幫忙先修繕屋內部分缺失再做交易，但是屋主覺得麻煩不想管。

當我得知此事後，我直接請仲介轉達屋主我有多麼喜愛這間房子，為了不讓屋主費心，我告訴仲介：「請屋主放心，這間房子所有的修繕問題都由我負責處理，他只要現況交屋即可！」

果然，我的誠意換到了與屋主見面的機會。

在仲介的安排下，我們約在屋主的公司議價，我知道讀者看到這裡應該會覺得很不尋常，哪有仲介會安排在賣家的公司見面呢？不是都約在房仲門市的小房間才對嗎？但我就是這麼幸運的遇到了這種事情，因為這間公司和房仲公司有點商業關係。

而更幸運的還在後面，因為當天我提早十分鐘抵達，還是屋主幫我開的門，巧的是仲介們在路上塞車遲到了，

於是我就多了半個小時可以先和屋主聊天。

當我和屋主坐在會議室裡面時，我又再次向他表達自己對這間房子的喜愛，並且誇獎他們公司把屋況維持得很好。至於那些小問題，我自己有能力處理，我也完全理解他不想花心力維修的原因。同時，我也表明自己的職業是整理師，一定會盡力創造出屬於這間房子的最佳狀態，所以希望他願意割愛。

剛好屋主對我的職業非常有興趣，於是我們話題一轉，開始聊起了整理收納，我就順勢拿出一本自己的書送他，他也很高興的收下了。

就在我們相談甚歡之際，仲介們終於到了現場，此時屋主示意讓我稍等，他請仲介去另一間會議室談話。大約十分鐘之後，仲介告訴我：「屋主很欣賞你，也覺得你很像這間房子的新主人，所以他又主動降了一點價格，這個吉祥數字也算是對你的一個祝福，你覺得好嗎？」

當下我聽到屋主給我的底價時，我真的驚訝到快說不出話來，我事前完全沒有想到，竟然可以用貼近我預算頂端的價格，如願以償買下它！於是我立刻點頭，與他們約好了簽約日期，同時也與屋主和仲介說好了，等裝修完成之後，要約他們來我的新家吃飯，以表對他們

的感謝之意。

三個月後，當屋主真的來我新家聚餐時，他告訴我：
「他一直認為這間房子會找到對的人接手，當其他出價
者挑毛病嫌棄時，他本來想寧願擺著不賣也無所謂，如
今看到我如此善待與美化這間屋子，他覺得很感動。」

以上這種奇遇並不常見，但卻真實發生過，所以我
說這是屬於我個人的幸運，我想，也許當每一個人找到
那間「對的房子」時，也會出現屬於你自己的幸運！

關關難過關關過

從買房的議價，到跑銀行申請貸款時與行員的談判，
每一關都有難度，但也都順利過關了。卻沒想到最讓我
勞心勞力、累到生病的環節，竟是接下來的裝修階段。

當支付完頭期款後，我的存款已所剩不多，所以我
必須用最省錢的方式，完成這間屋子的所有硬體裝修和
軟裝布置，這也代表著我不能找設計師和統包商。如果
可以自行發包、自己監工和叫材料，加上部分環節用 DIY
取代昂貴建材的話，就有可能達成目標。

之前有人問我，到底該如何判斷要不要請設計師？我的建議是：

- 如果你的預算多，也不太有主見和美感，請一位貼心的設計師，能幫你省下很多煩惱。

- 如果你的預算很少，加上有主見、有美感，重點是還剛好有時間的話，可以像我一樣自行發包，找不同專業的師傅。

  但是走這條路的話，需要了解每位師傅進場的順序，因為一旦把順序搞錯了，可能會影響師傅的檔期，還有可能會浪費錢或是破壞現場。同時你需要有與多位師傅溝通的能力，讓他們清楚明白你到底要什麼，如果你能畫圖呈現就太棒了。

  最後，你需要有找產品的能力，因為自己發包是需要自己去找廠商訂材料的，有些師傅可能會給你產品型錄做參考，但很多時候師傅就只是來現場施工的，所以叫貨就變成你的責任，不是他的責任。

- 如果你的預算夠，加上有主見、有美感，但是對以上流程安排沒把握，也沒時間監工，那就找統包裝修公司幫你施工，因為在這種情況下，你只

要和工頭溝通你的想法就行了。

找師傅的過程，可以透過網路口碑、社區鄰居或是房仲介紹，然後建議各項專業比較個 2、3 位就好，避免選擇困難。此外，最好是請離你住家近的統包商或是在地的師傅，盡量不要跨縣市，避免日後如果有什麼問題，對方懶得過來處理。

由於我購屋簽約是在十月初，已接近年底，當時我很希望能在耶誕節前夕搬進這間屋子，年底又剛好是裝潢業者和清潔業者的旺季，如果不趕快安排他們的檔期，可能就得等到農曆年後才能開始裝修。

所以我在簽約當天就徵求屋主的同意，請他讓我在等待銀行跑貸款流程期間，可以先帶著不同的裝修師傅進屋估價，因為我連一天的時間都不想浪費，最好是可以讓我在拿到房屋權狀後立即開工。

小資裝修的重點在於依輕重緩急分配預算

十一月初，我開始著手室內設計，為了定調裝修風

格，也上網找尋許多相關圖片做參考，包含空間配色、各式建材優缺點、各種家具和家電比價，前前後後蒐集的圖片高達九百張。同時，我也針對廚房和主臥室衛浴的空間配置，製作了手繪圖，以便和廚具廠商與水電師傅溝通順暢。

初始階段我的預算分配是：

- 硬體裝潢（搬不走的基礎整修）50 萬元
- 軟件裝飾（家具、家電、布置裝飾）20 萬元

當硬體裝潢預算只有 50 萬元時要如何分配？有一位很佛心的設計師建議我，「安全」與「健康」相關的東西不能省，也就是電線、廚房、浴室，而且最好能趁著空屋時一次做到位。因為這三項在施工時，會把空間弄得很髒亂，也會造成生活不便，所以最好不要將就施工，想著等住幾年之後再更換。

於是當時我就決定把主力放在這三處上，而其他部分能省則省，於是安排如下：

1. **打掉重作**：主臥室衛浴、廚房、主臥室地板。
2. **更換或維修**：全屋窗戶、客廳衛浴、全屋三臺冷氣。
3. **收納櫃**：購買新品活動家具。

4. **待檢測**：全屋電線和冷熱水管。

十一月中，順利交屋，拿到鑰匙後的兩天，泥作師傅和廚具廠商陸續進場，先拆除主臥室衛浴和舊廚具，水電師傅也來先做電線與管線檢測。

沒想到一週後就收到噩耗！主臥室衛浴的強化玻璃門在拆除時被震碎；全屋熱水管經檢測後發現已生鏽，必須全部更新；冷氣廠商來評估後，認為三臺冷氣被包覆在天花板木作會影響效能，建議部分要重拉冷媒管，因此也增加了修復天花板的項目費用。

所以到了開工階段，我的預算分配發生了變化：

- 硬體裝潢（搬不走的基礎整修）60 萬元
- 軟件裝飾（家具、家電、布置裝飾）15 萬元

此時的我，因為現實問題，已經被迫放棄許多原有的設計，例如：

1. 廚房本來想變更為全開放，並且加一座中島檯，後來只能維持現狀。而原本規畫大約 10 萬元的廚具預算，硬是被我砍到 8.5 萬元，刪除了烤漆玻璃和電器收納櫃。

2. 主臥室衛浴原本想做乾濕分離，並且用進口瓷

磚，後來只能用國產磁磚。而且全套衛浴不讓師傅代購，我自己上網尋找便宜的通路，這部分最花時間，為了比價我大約花了兩個星期才搞定這件事。後來兩間浴室設備全部換新，大約只花了5.5 萬元。

十二月初，就在已經快進入裝潢尾聲時，原本以為省錢悲劇差不多到此結束，結果原本只要局部修補粉刷的油漆，由於與原屋白色出現了非常明顯的色差，只好變成要全室粉刷，再加上木作修補的區域也增加了，預算只好再往上攀。

此時我的預算分配變成了下面這樣，把軟裝費用降到只剩下 10 萬元：

- 硬體裝潢（搬不走的基礎整修）65 萬元
- 軟件裝飾（家具、家電、布置裝飾）10 萬元

中古屋就是很容易會碰到這種事情，都是要等拆除之後，才會發現一些慘劇，所以在這邊建議各位，日後買中古屋的話，裝潢預算最好抓原本預設的兩倍，才不會在遇到突發狀況時太崩潰！

預算超支會激發創意與無限潛力

十二月中旬，因為超支的裝潢費用，讓我一度焦慮到失眠，實在生不出多餘的經費下，我絞盡腦汁的思考著所有可以省錢又達到一定程度美觀的方法，終於在幾天之內，有了一些新方向。

方法一、DIY 自行改造

1. 客廳衛浴的黃色磁磚，為了省錢沒有請師傅敲掉，而是使用與地板同色系的防水壁貼做美化。

2. 廚房區域的磁磚雖然有裂縫和髒損，但是也捨棄重鋪磁磚或安裝烤漆玻璃的選項，改成貼上廚房專用的防水耐高溫壁貼。除了便宜以外，還很好清潔，就連水槽下方的門片預算也被我刪除了，改用 200 元左右的小短簾取代，既通風也美觀。

3. 為了增加廚房的電器收納空間，靈機一動把原本面向大門的玄關展示櫃背板拆除，將另一面封起來，改成面對廚房內部的電器櫃，只要請水電師傅拉電源到櫃內即可使用，完全不用拆除重做。

方法二、尋找物美價廉的軟裝產品

1. 我花了很多時間在淘寶網和蝦皮網選購便宜好用的家具與居家裝飾品、壁貼、衛浴設備、伸縮餐桌、廚房五金、窗簾、抱枕、地毯，價格大約能省下一半。

2. 因為房屋完工前適逢年底，剛好利用各商家的折扣檔期，集中購買大型家具和所需家電，有些活動滿額後還可加送小家電作為贈品，非常划算。

3. 加入社交平臺上的二手家具買賣社團尋寶，別以為二手家具都很差，其實有不少人會因為購買時量錯尺寸，或是因搬家而想減輕負擔。我在不同的二手家具社團中，分別買到便宜又好看的一座金屬餐椅，和兩座床底收納抽屜。

之所以把家具和裝飾品的預算緊縮到這麼低，是因為比起硬體設備，未來幾年要更換掉這些東西會比較容易，所以就是抱著一種「先求有，再求好」的心態。搬進新房後的前半年，除了幾樣大型的基礎家具之外，我的書房和主臥室都保持著一種半空的狀態。後來幾年，隨著住在這間房子裡的時間愈來愈長，每一年我都會視情況添購一些家具，而當初買的幾樣便宜家具，至今也

依舊留在這間房子裡，只是被我更換了擺放位置或收納功能。這種漸進式添購與改造的生活方式，讓空間變得十分有彈性。

經過了三十五天的施工期，在一群很友善貼心的師傅和廠商的幫忙下，最終我以 75 萬元的價格，包含裝潢、家具、家電、家飾，完成了這間中古屋的改造。這間房子，終於成為了我理想中的樣子！

裝修房子也是一種大型的整理，過程中需要做出很多妥協，也需要適時不斷調整初始計畫。感謝我老公在我焦慮時的鼓勵相伴，而且還願意配合我每年秋冬住在桃園、夏季住基隆的要求，至今已經持續四年不間斷。

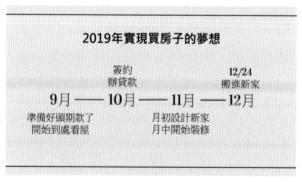

時程表

成功協助父母跨城市換屋的全紀錄
（從動機、計畫到行動拆解及時程表）

（案例照片見彩頁第 22 頁）

還記得我在第二章提過，除了以下兩種情況，盡量不要去插手別人的生活嗎？

1. 對方是與你同住的親人，如果不整理居住空間，也會影響到你的生活，而你現階段沒有離開的選項。

2. 對方是你沒有同住的親人，但是如果對方的居住空間不改變，日後會給你造成極大的麻煩。

在 2020 年底，我成功協助父母跨城市換屋以前，他們所居住的老公寓，就是上述的第二種情況。

當時他們居住的房子，是一間位於新北市中和區、屋齡近四十年的公寓五樓，因為包含頂樓加蓋，所以室內坪數大約有四十坪。在我和妹妹相繼離家之後，父母兩人在這個空間裡所累積的物品量逐年增加，最雜亂的

時期，是家裡的所有平面空間都堆滿了東西，我每次回娘家時，都已學會對滿屋子的物品視而不見，也忍住好幾次想幫他們整理的欲望，對於他們的生活方式，我只能選擇尊重。

我爸爸是我們全家物品數量最多也最多樣化的人，茶壺、玉、刀劍、中西樂器、衣服、包包、鞋子、各式國內外收藏品、CD、畫具、各種書籍……等，其中許多類別的收藏量早已破百，家中的收納櫃永遠是塞得滿滿的。

在我做整理師之後，曾經委婉的建議過我爸，最好要趁著還有體力時，開始慢慢整理這些物品，因為等年紀愈大，處理起來會愈辛苦。尤其他們住在五樓，總有一天會因為爬不動樓梯而得搬家，千萬不要等到那一天才開始整理，到時候一定會覺得更累。

我還說，我可不想等他百年之後，再痛苦的替他決定這些東西的去處，到時候無論我是賣是丟，都會增加我心理上的負擔，因為畢竟這些都是爸爸的心愛之物。

當時他嘴上說：「等到那一天就隨便你了，無所謂。」不過事後他還是接受了我的建議，從出清茶壺開始，慢慢淘汰掉了一些物品，只是速度非常緩慢。

除了舊家物品量的問題之外，我和妹妹也發現到，

爸爸除了必要的工作和活動外，變得愈來愈不愛出門，可能是因為他在幾年前腰椎開過刀，反覆上下樓梯讓他容易感到疲憊；也有可能是因為房子的正下方就是傳統黃昏市場，每天下午開始到晚上，攤販、機車、腳踏車全都擠在一起，又亂又吵雜，跨出市場之後的區域，也沒什麼適合散步的騎樓與欣賞街景的地方。

　　而我那位愛做飯的媽媽，幾乎每隔幾天都要去樓下的傳統市場買菜，她每次提著重物爬到三樓時，總要稍微喘息一下才能繼續爬回家，當時我已經把這個隱憂放在心裡，默默地想著要推動他們在未來搬家的可能性。

創造改變的動機

　　就這樣又過了幾年，當我自己在桃園買了房子之後，迫不及待邀請父母過去參觀，也會趁著回娘家時，跟他們分享住在電梯大樓的方便性，還有在桃園生活的好處。當時他們的反應並不強烈，我媽媽還說：「不喜歡電梯大樓有一堆用不到的公設，而且還要付管理費。」

　　後來我媽媽在無意間提到自己最近在爬樓梯時，會

感到膝蓋疼痛，當我和妹妹關心這個情況時，她又嘴硬的說自己很喜歡這間老公寓，所以決定要爬到 90 歲，直到走不動為止。這時我問了她一句話：「媽，當你 90 歲的時候，我也已經 67 歲了，你能想像如果自己摔倒了，當我帶你去看完醫生後，還得攙扶你爬五層樓才能回家時，我會有多辛苦嗎？我知道你很堅強，但到時候先垮掉的人，可能會是照顧你的孩子。」

當下我媽沉默了，我覺得她已經開始思考我預視到的未來。

等待時機

幾個月之後，在某次家庭聚餐時，我媽告訴我附近鄰居的一些惡行，讓她開始有了離開現居的念頭。而我爸也說他想通了，決定等過幾年後，要搬離老公寓，去找電梯大樓做為新居，所以希望我有空的時候，常回家幫忙慢慢清理掉一些物品。

我聽了非常高興，因為我和妹妹已經跟他們談過很多次換房子的事情，只是就算我父母已經有搬家的意願，

卻依舊認為時機還沒到。因為當時家中還有兩位住在不遠處的老人需要定期探望，而且在老公寓還沒有賣掉的情況下，他們不認為自己能湊出頭期款換房。

其實經過上次我和媽媽的談話後，她已經默默去看了好幾間位於新北市中和區附近的房子，但是無論是預售屋還是中古屋的房價，都已經昂貴到超出他們可負擔的範圍。如果他們想繼續留在舊有的生活圈，勢必得先去租屋，然後出售公寓，等拿到錢之後，才能再買房子，而且還不一定能找到買得起的物件。

聽完他們的疑慮後，我立刻查詢他們公寓的周邊行情價，然後又查了幾間桃園市區兩到三房格局、電梯大樓的房價給他們參考，並且讓他們了解到，在這種價差之下，也許有機會在不用先賣掉公寓的情況下，就能成功換房。

同時我也列出幾個可以考慮搬去桃園市區的好處：

1. 離機場近，很適合愛出國的他們。

2. 無論是開車還是搭乘大眾運輸工具，往返臺北和中部都方便，離探視爺爺和外公的地點，也跟從中和過去差不多。

3. 綠地比新北市多，道路也比他們現居的地點寬

闊，很適合退休生活。

4. 生活機能強，建設也持續發展中，有成熟商圈，其實也不用一直往雙北市跑。

在我的推波助瀾之下，成功引起了媽媽去桃園看房子的興趣。但我爸就不同了，他認為：「又還沒有打算要這麼快搬家，有必要這麼早就去看房子嗎？」所以對於我的建議有些興致缺缺。

但我不放棄的繼續遊說父母：「看房不等於馬上要買，因為你們不了解現在的房價行情，也不太知道目前市場上有什麼物件，所以有空時可以多去看不同的房子，才會摸索出自己到底最在乎的是什麼條件？可以放棄什麼？以及買得起什麼？」

最終，我父母終於願意來桃園看房子了。

代理人計畫

既然他們已經有了換屋意願，我就自動承擔起「雜務代理人」的角色，我向他們承諾，一旦他們有選中心儀的物件，所有可能會讓他們覺得很煩、很累的環節，

全都由我來一手包辦。包含房屋首輪篩選、找銀行貸款、擔任新房的設計選材與監工、全屋收納空間規畫與搬家後的定位整理，到時候他們只要負責淘汰舊家的物品，並依照我建議的方式打包行李即可，我承諾到時候一定會讓他們舒舒服服的搬新家。

很多人都會說：「要長輩搬家太難了啦！」、「老人家不可能離開熟悉的環境啦！」撇除非常固執的老人不談，大部分不願意離開現狀的長輩，除了因為沒有需要改變的動機之外，還有一點就是：怕麻煩！

所以，如果希望他們改變的人，能夠在自己的能力範圍之內替他們排憂解難，讓長輩少一些擔憂和疲憊，成功的機率通常會大很多。

◇ 第一階段：房屋首輪篩選

首先，我先請父母提出一些對新房的要求，並且列出優先順序，好讓我能鎖定目標，去尋找適合他們的物件。接下來，我用兩週的時間，每天瀏覽各平臺房屋交易網站，然後初步排除一些在清單中較不現實的部分。例如要求的坪數與預算有衝突時，我會以符合預算為主，然後再加上一些我對他們的了解和多年的觀察，從平臺

上篩選出將近 20 間房。

再來，聯繫多位仲介，一一確認這些房源是否還在？最後終於找到一位非常細心的房仲，由她帶著我在兩天之內，密集看了其中的十四間。每看一間時，如果現場環境感覺不對，我就不浪費時間立刻排除，如果遇到了我父母可能會喜歡的房子，就會開手機錄影，從門口開始，繞行屋內的所有空間，並解說優缺點，方便我回家作記錄跟父母報告。最後，當我精選出六間房子後，才約我爸媽到桃園看房。

我之所以這麼做的原因，是不希望他們浪費太多時間在不合適的房子上，尤其是我爸原本看屋的意願已經沒有很高了，如果再消耗他太多精力，我擔心他會從勉強接受轉為抗拒。所以最好是由我先篩選出「每一間他們都可能會喜歡」的房子後，才能增強他們繼續看屋的興趣。

第一次與仲介約復看房屋時，只有我媽媽願意來，因為當時我爸還在堅持「沒有馬上要買又何必看」的想法。結果我媽很喜歡其中兩間房，但因為各有利弊，所以想聽聽我爸的意見。於是她回家之後去說服爸爸，再找一天來陪她看第二次。

就在我爸同意我媽的要求之後，我趕緊請仲介依照他們開出的條件，再多安排幾間塞到同一天帶看，因此到了第二次復看房屋時，我陪著父母一共看了五間房。

在看房的過程中，我觀察到爸爸的態度超級認真，似乎已經在規畫未來的生活藍圖。當他們倆人看到喜歡的物件、但超出預算時，還會盤算著該如何在還沒賣掉公寓的情況下，湊出頭期款。

後來，神奇的事情發生了！當我們來到房仲安排的最後一間，也是開價最低的一間房時，才進門十分鐘，我爸就眺望著客廳窗外的山景沉思，然後說：「就是這裡了！買吧！」

這是一間位於桃園市區小商圈的電梯大樓，室內坪數大約二十三坪，比他們中和公寓的坪數小一半，三房改成兩房的方正格局，兩間衛浴，採光與通風都極好。從住家窗戶可以看到山景，樓下騎樓道路寬廣，周圍商家林立卻不吵雜，附近有自行車步道、公園、虎頭山，隨便往哪個方向散步，都可以逛一下午。

我當時很驚訝的問我爸：「你確定嗎？你們不會覺得這間房子太小嗎？如果你們要搬到這裡，至少要淘汰將近一半的物品量，東西才放得下耶！」

我爸笑笑地回我：「我不覺得這間房子小，我反而覺得這裡的生活空間比舊公寓大太多了！我們的公寓雖然有 40 坪，但是出了家門之後，我能散步的地方很少，現在這個房子的格局，已經符合我們生活的一切所需，而且以後我只要下樓，可以隨意走到我想去的地方。天氣好的時候，還可以帶著樂器去附近公園或山上練習，多好！」

這是我第一次聽到有人把住宅周圍的空間納入「房子大小」的一部分。我媽也說，公寓太大反而容易亂買和亂堆雜物，打掃起來也很辛苦，現在這間房子的坪數，感覺起來剛剛好。

接下來發生的事情，只能用光速來形容！他們倆人從下斡旋到順利簽約只花了三天，我媽忙著結算所有定存、保險和外幣，我爸開始動手整理房子，轉賣家中的收藏品、樂器與部分大型電器，兩人終於在一星期之內，順利湊出頭期款。面對那些物品的離開時，他說：「以後到了新家，要試著簡約過生活。」

這突如其來的變化，應證了兩件事情：

1. 只要真心想要，就沒有不可能。
2. 斷捨離只會發生在前往新方向的路上。

如果當時我爸看完房子後意興闌珊，我會選擇先暫緩，然後再等待下一個時機。

✦ 第二階段：規畫流程與事前準備

十月初完成簽約之後，我手寫了一份換屋流程表給父母，裡面簡單描述在接下來的幾個月當中，有哪幾件大事需要完成，打勾的部分，需要父母參與或是單獨執行，其他項目就是我會去做的事。當時因為還不清楚確切的交屋日，也不知道在裝潢期間是否會有不可控因素導致延期，所以保險起見，我先把搬家日期定在隔年的一月初，給大家多一點緩衝的時間。

在等待交屋的三十天內，除了處理銀行貸款問題外，我也已經蒐集完所有裝修參考資料和各項工程的報價單。

因為有了之前裝修自己房子的經驗，這回我可以更精準地執行各階段任務和避免犯錯。由於父母的房子，跟我當初買房子時一樣，是在接近年底交屋，所以同樣需要趕緊敲定裝潢師傅、清潔人員和搬家公司的檔期。

以下是在那三十天內我做的細項：

1. 確立父母想要的新居風格。

2. 到父母家記錄他們大部分的物品類別和數量。

3. 詢問他們要將哪些大型家具帶去新居，並且丈量尺寸。

4. 請仲介帶我前往新屋做全室空間丈量。

5. 繪製新家各空間的初始構想圖。

6. 評估哪些收納櫃要買現成家具，哪些要訂作。

7. 與父母討論初步方案並且分配預算。

8. 針對父母兩人個別的衣櫃、客廳、玄關、廚房，改了多次手繪圖設計。

9. 提供尺寸給系統廠商、家具廠商和廚具廠商進行報價。

10. 與所有師傅溝通施工重點與細節，並敲定檔期。

11. 在臺灣店家、工廠與淘寶網之間選購家具與比價。

12. 跑廚具工廠選色，跑五金零件行挑選把手款式。

13. 跑 IKEA 做玄關和衣櫃施作的規畫圖。

14. 製作近乎完整的報價明細給父母。

15. 跟父母說明每一種施工的價格與優缺點。

16. 跟父母說明海外選品與臺灣選品的樣式與價差。

17. 與兩家集運商溝通、比價，與在淘寶下單。

18. 跑廚具壁板廠商拿樣品與報價。

19. 逛家具店和網路看圖片找設計靈感。

20. 無時無刻滑手機找軟裝配飾。

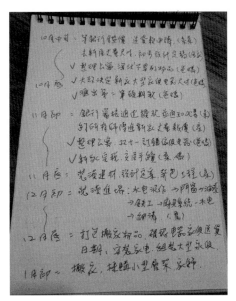

寫給父母的換屋流程表

　　站在一個整理顧問的立場，我必須依據他們現居的收納習慣，和物品類別、數量去規畫新居的生活空間。

但是，站在一個女兒的立場，我希望可以幫他們省錢，整體裝修費用最好要控制在他們總預算的九成以內，而且還要盡可能增加多一些收納設計，替他們保留比較多的物品，避免在短時間之內因丟太多東西造成不適應。

以空間規畫的角度來說，我必須把有限的空間發揮到最大效益，盡量不要浪費畸零空間，同時還要兼顧美感，然後一樣要挖東牆補西牆的堅守預算。

雖然整個過程都十分不容易，但最難的是，去真正理解自己的父母親。

我們時常會以為父母什麼都該懂

其實在那兩個月之中，從擅作主張幫他們找房子開始，我的情緒一直都處在很複雜且高壓的狀態。

隨著交屋和進入施工期的日子逼近，我的壓力每天都接近引爆點，更別提在那段期間，依然有很多自己的工作要處理，在凡事都想要盡善盡美的自我要求下，造成我焦慮症再度發作，全身都覺得疼痛！在某次與父母反覆溝通，加上不斷修改各項細節後，我終於忍不住跟

我爸發飆了，因為當時的我已經快要累瘋了。

　　我發怒是因為我站在收納和預算的角度，已經替他們做了好幾個版本的規畫，但是我父母總會每隔幾天就想要修改之前的方案，然後不斷地拋出新想法給我，讓我以為他們不信任我的專業，所以才一再推翻我的建議。直到交屋的那一天，我才知道事情並不是我所想的那樣！

　　那天，他們一早從中和來桃園接我，在完成交屋手續，拿到新居鑰匙之後，我安排一起去青埔逛 IKEA，目的是讓他們找些設計靈感，看看空間的可塑性，還有就是親身體驗一下 IKEA 的系統櫃材質，也許可以列入購買選項。

　　在這之前，他們沒有去過這類的家具賣場。陪他們參觀的過程中，我意外發現到父母對於現場很多東西都感到好奇，他們臉上的表情就像第一次逛遊樂園的孩子，充滿笑容，然後覺得這個看起來很好，那個看起來好像也不錯。

　　中午用餐的時候，我爸說：「你以為我們不信任你才一直改設計，其實不是的，是因為我們之前都沒有涉獵這方面的東西。你之前說的窗前臥榻、廚房中島，我們原本都不知道那是什麼東西，是這一個月上網查資料

想搞清楚的時候，順便又看到了一些新東西，所以才會想提出來跟你討論。」

我聽到這些話時瞬間鼻酸，然後立刻跟我爸道歉，他也笑著原諒我，然後勸我要學習放鬆，不要事事都追求完美，會把身心都搞壞！

理解，永遠得排在溝通之前！

我時常用在客戶身上的技巧，怎麼到了對待自己父母的時候就忘了呢？在我過去的認知裡，我以為父母什麼都懂，卻忘記他們距離上回買房子，早已是四十年前的事，而這些年中，這世界已經進步了多少？

我以為自己多操勞一些，可以減輕他們的負擔，卻忘了他們也是滿懷喜悅地想要參與建立新家的過程。

我以為早已經歷過大風大浪的父母，應該很能適應這一個多月的劇烈變化，卻忘了即將面對新生活的他們，可能也有覺得混亂的片刻。他們正在用自己的節奏與方式，決定未來的每一步，而我卻太著急想要幫忙！

與父親解開誤會後，我擁抱了他，並且決定稍微停下腳步，把主導權留給他們。我建議他們當天在我家過夜，這樣等隔天一早，就可以跟我一起去新家開工，反正我已約了水電師傅、鋁門窗廠商還有冷氣廠商的老闆，

全都在同一天過來，有什麼疑問或是要求，都可以直接跟他們討論，順利的話就可以全部定案了。

　　結果他們接受我的提議，隔天也跟我一起去新居，決定了裝修的大方向，那天在我們離開前，我幫父母在新家門口，拍下了一張可愛的合照。

✧ 第三階段：裝修期與斷捨離同時分頭進行

　　十一月中，在他們新居裝修期間，我每隔幾天就跑工地監工，而我的父母同時也在中和的公寓裡如火如荼的丟東西。

　　舊家所淘汰的大型物品，是在丈量尺寸之後，確定無法擺入新居而決定的，所以這個沒得商量；而其他類型的小型物品，則是依照新居各區域的收納空間容量而定，有多少位置就只能帶過去多少東西，這也是經過與父母討論後的決議。

　　因為我沒有時間陪父母一起做物品篩選，所以我建議他們，可以先篩選掉以下幾種類型的東西：

1. 確定不想在新居繼續使用的物品。

2. 重複性太高的物品，尤其是廚房區，盡量只保留可一物多用的東西。

3. 明顯損壞和過期的物品。

等後期進入到搬家打包階段時，可以先把一定要帶去新居的物品裝箱，其他還需要考慮的，或是可有可無的小東西，就先留在公寓，反正中和的公寓會等到搬完家之後才賣。所以可以等新居的物品定位完成之後，如果還有剩餘的收納空間，我們再回中和多帶走一些物品。

後來，幾乎每隔幾天我都會在爸爸的臉書上看到他出清寶物，那些茶壺、樂器、擺件、CD、字畫、老書……不是轉賣就是送人，他一邊幫那些收藏重新找主人，一邊也會寫文章抒發心情。

他寫下最棒的一句話是：

> 「人生要一直往前走，接受生命不斷地給予，為過去停留是最大的浪費，認識生命的階段性，比較可能過一個明白的人生。」

我真心覺得我父母很了不起，說轉念就轉念，真的很不容易！有時候覺得，在父母物品過量的狀況下，我們兒女能做的，無非就是當他們的推手或支柱，當生活「必須改變」時，他們會用自己舒服的方式去面對，我

們只要在一旁鼓勵、感動、理解就足夠了。

至於裝修的部分，由於父母買下的這間房子屋況不錯，雖然是二十多年的中古屋，但是上一任屋主已經做了實木地板，廚具也是知名品牌，而且維持得很好，除了客廳有一座穿透的隔間收納櫃之外，整間房子裡沒有多餘的醜裝潢。

因為裝潢預算只有 80 萬元，所以我們把其中的 56 萬元用在基礎工程上。像是更新全屋電線和熱水管、窗戶換成隔音氣密窗、客廳與書房冷氣更新、打掉廚房的一面隔間牆作為開放式空間、拆除後陽臺門、粉刷後陽臺磁磚，讓它變成室內空間的一部分，剩餘款項用在購買部分全新家具和家電，最後是花了大約 73 萬元完工。

下列是我們其他超省錢的裝修項目：

1. 保留舊廚具，只做整修與部分改裝，另外加了一個 IKEA 中島櫃。

2. 兩間廁所都沒有打掉重做，只有更換洗手臺和稍做美化。

3. 保留前屋主留下的兩組矮櫃，訂作椅墊，改造成窗前臥榻。

4. 家具一半換新，一半沿用舊家的家具，合併兩者

風格。

5. 我老公幫忙全室油漆粉刷，所以很省錢。

6. 大門沒有更換，只做貼膜。

7. 許多大型家具、收納小物和軟裝，都從淘寶選購。

由於我父母不在乎風水，只愛寬敞開闊的空間，加上我媽媽長年以來煮飯沒有油煙，所以配合他們的喜好，做了開放式廚房的設計。另外，由於他們倆人長年生活作息不同，在舊家公寓的時候，偶爾也會干擾彼此的睡眠，所以當初在分配新居空間的功能性時，他們決定要規畫個人獨立臥室。

我父親的衣物比較多，因此幫他使用 IKEA PAX 轉角衣櫃，可以運用一整面牆收納他所有東西，再搭配一些舊家使用的抽屜箱，可以幫他保留多一些衣物。

而我媽媽的房間比較小，身材也比較矮小，為了要增加收納空間，並保留大一點的走道寬度，必須去家具行訂作頂天衣櫃才符合她的需求，而衣櫃深度也可以因為是訂製款，而縮減為 55 公分（市售衣櫃深度普遍為 60公分）。

✧ 第四階段：搬家的物品定位整理

十二月中，搬家前夕，爸媽迫不及待的帶了好幾箱的衣物來到新家，想先看看這一個多月以來空間的變化。我爸很興奮的説：「我要在新衣櫃親自掛上第一件大衣，幫我拍一張照片吧！」

我做整理顧問這四年多來，只有幫我媽整理過一次她的衣帽間，但是我爸卻從來沒有主動問過我任何關於收納的事情。那天，我們親子三人一起待在我爸的新臥室，他們兩人坐在自備的小板凳上，認真地看我幫爸爸摺褲子。

我爸看到我把他一向用捲的褲子改成直立式摺法，還問我為什麼不用捲的就好？我才正好有機會可以跟他解釋：「因為收納容器的高度不同，所以要使用相對應的摺法。這個抽屜比你以前用的抽屜還高，所以改用直立式摺法，會比較節省空間，打開後你也能看得一清二楚。如果照之前用捲的，就只能把褲子放成兩層，你反而還要翻找下面的褲子。」

我爸還很訝異地叫我媽媽過來看我摺好的褲子，而且他還很認真地跟我學習。

從九月幫他們找房子開始，一直到十二月中旬順利

搬家，這四個月我和父母有了很密集和深切的互動，這是自我結婚以後這十幾年來比較少有的機會，所以我真的很珍惜。也難得在這段時間，看到了我父母有如孩子般可愛與純真的一面，那些都是我從小到大未曾見過的面向。

2020 年 12 月 16 日，我父母和我丈夫在中和公寓陪同搬家公司工作，等所有打包物品都上車之後，我父母留在舊家收尾，而我老公則前往基隆，將部分家具贈送給我公婆沿用。

我一個人在他們桃園新居等待搬家公司的到來，由於我父母在打包時都有依循我的要求，在箱外做很清楚的註記，所有品項也分類得很清楚，所以當所有東西送達時，我才能在八個小時內，整理完 81 個紙箱和 5 個行李箱。

當我父母晚上來到新居時，我已完成全屋收納，讓他們可以在入住新家當天，就能立刻展開新生活。

尾聲：全新的開始

自從父母搬到新家之後，只要是天氣舒爽，我爸必定出門散步，偶爾會提著他的薩克斯風，去山上或附近的公園吹奏，也會獨自在附近搜尋美食館。

幾週之後，他還跑去住家旁邊的音樂教室，報名了鋼琴課和打鼓課。而我媽因為很喜歡新家的廚房，所以花更多時間研究新菜色。他們倆人的臉上，都比以往多了很多笑容。

完成這項任務之後的隔月，我又回到舊家公寓幫忙清理剩餘的物品，將還有續用價值的東西打包，賣到中壢的大型二手商店，其他的物品則是委託搬家公司清運，然後請清潔公司把房子打掃得乾乾淨淨，委託房仲上架出售。

三個月後，舊公寓順利的以父母滿意的價格成交，扣除新房的價差之後，他們終於可以過著比以往稍微寬裕的幸福退休生活。

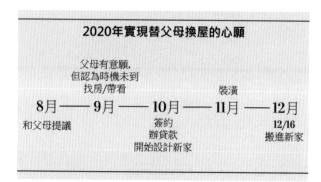

時程表

活用住屋，讓我們每年增加被動收入

（案例照片見彩頁第 26 頁）

如果你的房子每年可以幫你額外增加十幾萬收入，你會願意捨棄大量的物品嗎？

很多人有捨不得丟東西的習慣，在居住空間允許囤放的情況下，多半更沒有突然想整理的動力。這時候，如果給對方一個改變的動機或是誘因，就有機會動搖原本難以斷捨離的習性。

2022 年 7 月，我們位於基隆的房子，面臨了巨大的變革，起因於老公和我靈機一動的想法。

這間房子很奇妙，十五年前我老公向前任屋主購買時，就是一間有內梯的公寓，四大房三衛浴的格局，看似是一間近 50 坪的樓中樓大房，事實上是一個有兩張獨立權狀和水電錶，且二樓有預留大門位置的兩間小宅。

當年他會選這間房子，是因為考慮到空間夠大，若婚後有孩子也不用換房，但結婚十幾年下來，我們已接

受膝下無子的事實，加上步入中年，再回頭審視這間房子時，就覺得空間太大不好照顧，所以興起了大屋換小屋的念頭。

隨後，我和先生陸續去看了一些基隆的新建案，才發現到如今小戶型的價格已貴得驚人，若是換購新屋不僅不划算，還得揹負更多債務，而中古屋也沒看到比我們家更好的格局。

就在我們放棄換屋之時，老公突然提議，也許我們可以稍加改造一下現有的房屋，把二樓有三間臥房的空間整層出租，然後我們兩人搬到一樓只有一房一衛17坪的空間生活，這樣既不用換房，又可以增加收入，豈不兩全其美？

聽起來很棒對吧！而且我們的房子剛好又可以合法拆成兩戶，根本就是老天爺的最佳安排。

於是我便在一週內，火速地展開了前置作業，包含查詢相關法規，找室內設計師和建築師來家中評估施作可能性，丈量並報價。接著開始撰寫改造施作流程表、支出預算表、上租屋平臺查詢相近物件做調研、跑 IKEA 畫廚具規畫圖……等等，忙得不亦樂乎！

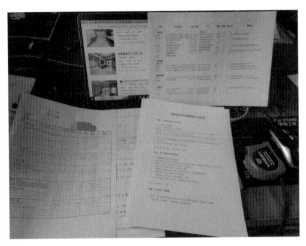

前置作業

先捨才有得

　　只是……在這個理想實現之前，有一個非常重要的關鍵，那就是：**我們必須先整理並捨棄大量的物品！**

　　要把二樓清空，並且重新規畫一樓的收納空間，才有可能讓二樓為我們增加收益的同時，我們在一樓也住得舒服。

　　我是一個目標導向的人，當一件事情在經過通盤考慮後，如果以長遠來說是有利的，那我會剷除眼前所有

的困難。所以為了要把二樓順利出租，我可以捨棄我個人的衣帽間，甚至淘汰掉一半的衣服、鞋包都無所謂，因為我知道那些物品不重要，被濃縮後的生活空間，我照樣有把握可以規畫得很好！

但是我老公對於物品的執著度比我高很多很多，在這方面，我的確是比他無情太多了。當他一想到二樓出租，意味著要開始整理東西、丟東西時，他猶豫了，而且就在我一頭熱做前期規畫的同時，他遲遲無法決定何時要進行改造？直到有一天晚上，我和他坐下來深談這件事，事情才算是有了進展。

搬家、裝潢前，就要做好物品分類與取捨

我老公說：「你如果急著弄，就先把我的東西全部先裝箱不要整理，可以先堆到一樓後陽臺，等我以後自己慢慢弄。」

我：「別鬧了！根據我對你的了解，你堆後陽臺十年也不會整理，然後那些東西全部會堆到壞掉。我也已經預見，未來只要我去曬衣服看到那堆箱子，就會跟你

有吵不完的架，然後我就會離開你，去我自己的房子裡生活，那二樓還不如別出租了。何必為了一年增加十幾萬收入，毀掉我們的婚姻呢？」

他說：「你這樣我真的很有壓力！我也不是不想弄，我也已經跟人家要到紙箱了，這代表我其實想整理，只是我需要時間慢慢消化。」

我回：「請你看一下我寫的規畫表，我已經很盡力地幫你想辦法增加一樓的收納空間，也沒有要逼你丟掉大量的物品，我只是想告訴你，有什麼困難我們可以一起想辦法解決，只是我絕對不接受把所有東西不分類，不淘汰的放紙箱囤到後陽臺，我見過太多委託人搬家或是裝潢後的家持續雜亂很多年，就是因為一開始用這種方式對待物品。」

我接著說：「不然二樓別出租了！如果你覺得物品比較重要，我們可以繼續維持這樣的生活空間，也沒有什麼不好。但如果你想增加收入，請你尊重我的專業，按照我的計畫表執行，我會陪你一起整理。我現在是把你當委託人分析利弊，畢竟這是你的房子，做不做得由你點頭才行，如果你思考後覺得不要了，那我就抽身去忙自己的工作了。」

他問我：「你為什麼一定要趕在今年做這件事情呢？等幾年後再分租也可以啊！」

我：「你的幾年後是多久？我們現在都已經 40 多歲了，幾年後兩人的體力都會下降，你知道做這件事情的過程會有多累嗎？從準備資金、逐步斷捨離、上下樓搬家、裝潢監工、細部清潔打掃、整頓兩層樓的物品、布置租屋處，還有最後的招租面試，每一個環節都會耗費極大的心力。而在你規律去上班的日子裡，這些重擔全都會落在我一個人身上，不趁我現在有體力、有錢、有時間的時候協助你，等幾年後我沒有這些條件時，這件事情也做不成了，所以現在請你告訴我，你要做還是不要做？要做的話就不要拖。」

最後，老公終於接受了我的建議，趁著每週假日開始斷捨離。

執行第一階段：抉擇

八月，當我和老公開始動身整理房子時，依照計畫表的第一步：要先清除一樓房間的書櫃，還有客廳的 DVD

與 CD，以及廚房餐櫃中用不到的鍋碗瓢盆。

我們在地上擺放了許多空箱子，分類註明要將物品送往的去處，如此可以更有效率的安排行程，讓這些東西在一週之內離開我們家。

由於我們的斷捨離階段可能要耗時 1、2 個月，為了不影響日常生活與行走動線，我們只挑出確定要割捨的物品，其他的就先暫留原處，等一樓新的收納空間規畫好之後，再直接挪移上架。

整理書櫃時，認清了自己其實比起文字更愛影像的事實，所以大量淘汰掉不會再看以及看不下去的書籍，像是已看過的小說、年代過久已無參考價值的工具書，還有陪伴我青春時期特別收藏的讀物，後來將它們全都裝箱，送給基隆一間二手書店。

整理電視櫃時，認清了我們現在幾乎只上 Netflix、YouTube 和 Spotify 的事實，那些不知幾年沒聽的 CD 和幾年沒看的 DVD，除了保留一些我特別喜愛的作品，其他的都可以賣給茉莉二手影音館。

整理餐櫃時，認清了我們現在已鮮少邀請親友來家裡作客，所以根本不需要這麼多的餐具。那些漂亮的茶杯盤組、濃縮咖啡杯、盒裝馬克杯……等，塵封在櫃子

裡落灰也太淒涼，將它們全部取出清洗過後，也一一打
包裝箱，送給更有需要的人。

**「整理」之所以如此迷人，正因為它能讓人看到過
去，也能預見未來。**

對自己愈誠實，整理的速度也就愈快，不過才花短
短兩天的時間，我們已經打包了十箱物品，算是非常有
效率了。最讓我開心的是，我老公整理起來的速度，比
我想像中快很多，其實一旦跨出最難的第一步之後，後
續的行動力都會因盯著目標而自行推動。

但是也有人會說，淘汰這些不痛不癢的物品當然容
易啊！對於那些有情感價值的東西，又該如何放手呢？

整理，也是與人生階段性道別的方式。

在這段整理的過程當中，我也捨棄了許多「有意義」
的物品，像是收藏超過 15 年、充滿回憶的紀念品、筆
記、結婚照、畢業紀念冊與相片；衣櫃裡超過 20 年還保
存良好、但我不會再穿的衣服；年輕時花很多錢買的一

籃筐日劇 DVD 和 CD 原聲帶；教學頭幾年失心瘋手工訂作的十幾件旗袍；已過逝的奶奶送我的髮飾、首飾和小禮物，每一樣東西拿在手裡時，心就會觸動一下。

當家裡有足夠空間收納這些物品時，在不影響生活的情況下，也許我可以繼續留存這些寶貝，只是……如今看著前方的目標，認知到當房子將被縮小一半之後，如果還執意要留下它們，只會讓我們的生活品質變得很糟糕。於是眼睛一閉，果斷地拿起大垃圾袋和紙箱，將該丟的直接扔進垃圾車，該賣的裝箱載去二手店，該捐的就火速搬去郵局寄出，只留下少許還有地方可容納的物品，其他的就算了。

心裡想著，今天不丟，以後也還是要面對，**總有一天，我會什麼都帶不走地離開這個世界，這些東西從來都不是屬於我的。**當這麼思考之後，頓時使豁然開朗了起來，再也沒有所謂的掙扎了。

執行第二階段：尋求全棟住戶同意

　　我們的 A 計畫是想在二樓樓梯間開一個獨立的出入口，方便在整層出租後，讓租客可以不需經過我們一樓大門，可以自由進出，我連續請了三位建築師到府做申請建築變更的諮詢。

　　第一位應該是位大忙人，他來家中看過之後，直說我家房子太奇怪，情況太複雜，跑流程太麻煩，然後直接勸我們放棄，還表明不想接我們的案子。第二位沒見面，只用 LINE 聯繫就告訴我這件事有多麼困難，要我們先拿到全棟住戶的同意書再來談後續。直到請來了第三位建築師，他也說如果能拿到所有住戶的同意書，他可以幫我們辦辦看，只是費用可能會超過 15 萬元。

　　其實在找建築師評估的那段時間裡，我和老公討論不下數次，都已經開始整理房子丟東西了，結果卻發現事情沒我們想的這麼簡單，要不要繼續下去？還是設個停損點？

　　由於一想到要拿到全棟住戶的同意書就覺得很頭痛，因為其中兩戶屋主已經不住在這裡，另外兩戶從沒有過交流，還有一戶曾經因為噪音的問題，與他們發生過口

角，所以我們已經預判這件事情的成功機率會很低。

於是我和老公還天馬行空地想出除了 A 計畫以外的三種方案，思考如何在不影響其他住戶的情況下，達到分租一層樓的目的。

想著想著，又覺得某些方案會犧牲部分的生活空間和品質，而這額外增加的租金收入，真的值得我們這樣做嗎？如果就此罷手，將來會覺得可惜嗎？但如果在此刻放棄，也並非白忙一場，畢竟我們已經趁機丟了不少無用之物，而且也順便處理了其中兩個房間壁癌的問題。

當時我想，就算拆家分租計畫因為無法取得住戶同意書而告吹，其實也沒有遺憾了，因為自從我和老公萌生這個計畫起，那段日子裡，我們已經做了很多突破，也習得不少知識，而我至少也鼓起勇氣去觸碰原先認為最不可能的事情。無論如何，路都沒有白走！

但就在某一天午後，我坐在客廳發呆，心裡突然有個聲音：「試試看吧！不要先揣測鄰居們的想法，試了不行再放棄。」

於是我立刻先去找了我們這一棟的主委夫妻，並且如實告知我們想做的事情與動機，然後懇請他們的支持。結果他們同意了，而且還說願意陪同我們一起去找其他

鄰居溝通。結果在短時間之內，我們很順利地從六戶鄰居之中，拿到了五份同意書。回想起那週的心情，實在是興奮得不得了，就在以為計畫快要成功之際，我們遇到了大麻煩……

遭遇挫折：缺了一個名字的同意書

是的，我們的拆家分租計畫，止步在最後一位鄰居的否決上。

其實我本來就知道，要拿到全棟居民同意書的難度極高，成了是幸運，若不成也是正常。讓我意外的是，原本讓我有點擔憂的其中兩戶住戶，竟在我說明施工用途後立刻簽字蓋章。前五位鄰居的火速支持，讓我有點喜出望外，沒想到卻栽在最後一位鄰居手上，而他原先並不在我認為難溝通的名單上。

一直以來，我和這戶鄰居都沒什麼互動，我卻萬萬沒想到他拒絕簽名的原因，竟然是因為八、九年前我的一個報警舉動，讓他對我記恨至今。說起當年那件事，我的記憶已有些模糊，至於具體發生什麼事也不是那麼

重要了，因為在我的立場，於理於法，我沒做錯什麼，但是在他的立場，以風俗民情而論，那我肯定是錯了！

當我們知道那位鄰居拒簽的原因後，我婆婆勸我去跟那位鄰居道歉。我一開始是拒絕的，因為我認為自己當年沒有做錯，而且當時我根本不知道他是哪一樓的住戶，所以更證明了我是對事不對人。

後來我跟爸爸聊起這件事，我爸也勸我去道歉，但不是要我承認錯誤而道歉，也不是為了要拿到同意書做交換條件，而是要我為了傷害到對方的情緒這麼多年而致歉，於是我接受了，也在兩天之內登門拜訪去道歉了。

對一件事情記恨這麼久，當事人一定很不好受吧！而對我呢？當我知道自己被人恨了這麼久也很難過，就像是自己的人設和價值觀雙重崩塌，也開始懷疑起自己到底是不是我自以為的善良？而在這之前從未想過，也許那些在我們眼中的惡鄰居，其實在他們的世界裡，我們也是惡鄰居。

這世界真的有是非正義嗎？誰的是非是是非？誰的正義是正義？爭對錯有何用？現在人家就為了解不開的心結，輕易打斷我們的計畫與努力，我們又能怎麼樣？就只能接受了吧！

本來每一戶鄰居都有不簽同意書的權利，我也不會因為他是唯一而義憤填膺，說真的，我對那位鄰居沒有什麼負面的情緒。然而，這件事情帶給我的啟發，卻遠遠超過原本有機會獲得的租金收益！

我爸說：「你有沒有想過，也許這整個拆家分租計畫的過程，就是為了要你去化解性格上的缺陷，還有真的去理解世界的運作方式？」

當時就因為我爸這句話，我去面對那位鄰居的太太鞠躬致歉，雖然那位對我記恨的鄰居先生本人，依然拒絕見我，但我已把自己這段的人生功課做完，至於對方是否接受，那就是他的功課了。

總之，在那天之後我已確定，拆分房子的想法，肯定是無法按照Ａ計畫進行了，在我和老公討論出下一步對策之前，我們決定暫時放下出租二樓的想法，將重心移回到手頭上進行的工作上，繼續處理早該解決的壁癌問題，然後繼續把該丟的物品處理掉，也可以順便趁機調整一下每個房間的功能性。

如果原定計畫必須在此止步，至少我們還是可以收穫更舒服的居住空間，然後把這段期間的經歷當成是「**整理自己、清理過去**」！

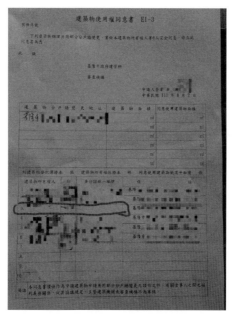

缺一個名字的住戶同意書

峰迴路轉：柳暗花明又一村

九月，拆家分租計畫起死回生！

由於那位不願意簽署同意書的鄰居，阻止了我們在二樓分戶牆開獨立大門，所以我和老公開始討論 B 計畫施做的可能性：從一樓家門出入口，隔出一條通往二樓

內梯的走道。但由於這個方案對我們的生活空間影響較大，因為會縮減一樓客廳的坪數，所以真的不是在幾天之內就能做出決定。我們除了將做與不做的優缺點列表分析以外，還把大型家具挪移定點到縮小後的空間，模擬生活了幾天，看看彼此能否接受新的動線。

經過了三天的討論，最後是由兩枚銅板幫我們做了決定！

其實在與老公商量的過程中，我能感受到他想分租房子的願望，因為長年不太愛整理物品的他，在這回的 A 計畫初期，竟然主動大量淘汰物品，連後陽臺堆放 15 年的雜物，他都在兩小時內清理乾淨。

在得知 A 計畫受阻之後，我看到了他的失落，他原本說：「不然我們再等幾年，也許之後那戶屋主會換人也不一定，到時候我們再來做。」

我告訴他：「不要去期待那種事情，也許那時候的我們年歲已大，大概也沒體力進行裝修工程與大整理了。況且對方還有兒子，就算他不在了，搞不好還由孩子繼承，那你是要等到何年何月？如果你還是想分租增加被動收入，我們現在就按照 B 計畫執行吧！」

最後，在某日的早晨，他靠丟 10 元銅板問祖先來下

決心，在得到了三個聖杯之後，終於拍板定案！

　　當初的Ａ計畫，是要在二樓的公共梯間牆面開一個獨立大門；現在的Ｂ計畫，則是從我們家一樓客廳區隔出一個90公分的走道，讓房客可以直通二樓的室內梯。

　　這個方案的工程難度較高，不僅會縮小一樓客廳大約三坪的室內空間，還需要重新拉電燈開關與對講機的電線。但是與原本的Ａ方案相比，好處是不影響社區鄰居，而且會讓二樓客廳空間更大更完整，也不會傷害到原本二樓鋪設的木頭地板。拍板定案之後，我火速與師傅們敲定施工檔期，然後正式進入了裝修階段。

　　很多朋友得知這一段故事時，都非常驚訝地説：「要是我，早就放棄了，怎麼你會有這麼大的毅力，一直去做各種溝通？」

　　是的，從建築師要我們取得全棟同意書開始，然後遇到一票否決的挫折，緊接著想出新的施工方案……，其實每碰到一個關卡，都有足夠的理由讓我們放棄行動。就像我遇過不少找我做整理諮詢的委託人，在幫他們做初期規畫時，他們一開始都會表達自己想改變生活空間的決心，但只要在執行過程中遇到一點阻撓，大部分的人都會選擇直接放棄回到原點。

但我認為重點不在你經歷了什麼過程，而是你對自己的目標是否足夠堅定！如果你夠想要，一定能披荊斬棘走向終點！這就是我面對任何困難時所展現的態度。

執行第三階段：房屋大改造

我們初始設定的裝修預算是 30 萬元，這金額還包括需要替房客添購的冰箱、電磁爐、洗脫烘洗衣機、床架等少量家具家電。另外，也需要替我們日後生活的一樓空間增添新的開放式衣架、小沙發、大組書櫃，和一臺新的變頻冷氣。

為了控制成本，在裝修期間的預算書上，幾乎是幾天就做一次調整，不斷用替代方案取代原有方案，只要是家中能夠沿用的家具，在能找到安放位置的情況下，我們一概不浪費，但是最後還是因更換大門電子鎖而超出預算 5 萬元。

原本我們房屋二樓的格局是：

一間大主臥＋一間健身房＋一間衣帽間＋兩間衛浴＋通往各房間的通道

整修完之後的格局變成：

一間大客廳＋兩間臥室＋一間簡易廚房＋一間衛浴 ＋一個玄關

我們犧牲了一樓客廳大約三坪的空間，隔出一條通往二樓的通道，讓二樓有完整的專屬空間與大門鎖，二樓原本的健身房重新粉刷並鋪上超耐磨地板，而原本的衣帽間除了淘汰大量的衣物之外，空間變化不大。

我個人最喜歡的，是那間用主臥室衛浴改建的 IKEA 小廚房，雖然小巧也無法使用明火（我後來提供 IH 爐給租客使用），但在加裝了全新洗脫烘洗衣機和規畫完善的收納空間之後，來參觀過的家人們都讚不絕口！

整個裝修過程十分順利，我遇到了一群負責、貼心又善良的好師傅，他們不僅在施工上超出了我的預期，還給了我很多額外的協助。就連裝修完工後的搬家公司老闆也很替我著想，除了細心協助我們互換一、二樓的大型家具之外，還主動提議由他們幫忙把廢棄家具載至巷口讓環保局載走，可以省下一大筆清運垃圾的費用。正是因為在前期過程中遇到了挫折，後來出現的這些好人好事，更讓我和老公相信，我們所走的道路是對的。

耗時兩個半月計畫、裝潢、整理、清潔，終於在九月底畫下句點，我們房子的二樓出租空間，終於可以準備見人了。

意外收穫：成功是有跡可循的

十月初，房子的二樓順利租掉了！

我只花一個晚上的時間，帶看一組客人，兩天內完成簽約。更幸運的是，房客是我們首選的公務員職業，而且她們一次付清了一整年的租金！而在此之前，我甚至還來不及在租屋網站張貼招租廣告。

回溯過去幾個月發生的事情，除了不確定能否找到合適的租客和那個同意書事件之外，其他所有步驟幾乎都在我的掌握之中。

當時我是這麼認為的，如果我用心妝點房子，替租客著想，那麼一定會吸引到對的人，就算是需要等待，就算回收成本的日期延長也沒有關係。

只是沒有想到老天是如此厚愛我們，但是房子之所以能在一天內租掉，絕不只是因為幸運而已。從我們決

定要做這件事開始，撇開中途遇到的挫折不談，光是思考「如何提供一個有競爭力的好產品」，就花了我不少功夫。

「產品定位」：你要把房子租給什麼族群？

在設計租屋的階段，最讓我頭痛的就是：要如何弄出一間廚房給租客使用？

其實說真的，如果我們要省錢的話，大不了就把二樓三個房間都當雅房＋套房出租，不提供廚房，這是最便宜行事的做法。

但是承租雅、套房和兩房一廳的租客，屬性差別很大，雖然在租金上加總後也許差不了多少，但是就管理層面上而言，麻煩程度會差很多。更何況我和先生還要住在一樓生活，在需要與房客使用同一個大門出入口的情況下，我們當然是希望租客性質和出入人數愈單純愈好。

當我們確定要以兩房一廳做為產品定位後，就要站在該族群的立場思考，他們會需要什麼？

基隆的房價不算高，房貸金額和租金沒有差太多，所以如果是需要長期定居在基隆的人，可能會選擇置產。

這樣就能判斷出，我們需要把目標訂在從外縣市前來的人，他們可能是工作調派，或是剛成家立業的新婚夫妻、小家庭，或是同事好友有合租需求。這些人通常隨身帶來的家當不會太多，所以會選擇設備完善的租屋處，以減少生活初期成本和麻煩。

那麼撇除交通地點等條件之外，有提供完善家具家電、完善收納空間、可偶爾下廚烹飪的房子，就會成為他們的首選。也因此我才決定，「設計出一間廚房」的費用是不能省了。

「市場調查」：了解競爭對手與客戶預算

在正式與裝潢師傅討論施工方向之前，我花了大量的時間逛租屋網站和基隆租屋社團，看看其他與我們差不多坪數的兩房產品都長什麼樣子？關注的重點包含其他房東的屋況如何？提供哪些家具家電？收納空間是否足夠？有沒有布置軟裝？房屋照片的拍攝技術？租金定價多少？然後我再盤算著，要如何增加我們房屋的優勢。

另外，由於我們的租客首選是公務員，所以我也實際走訪距離我家步行十分鐘的郵局，去與工作人員閒聊，以獲得有利資訊。比如他們同事是租屋多還是住家裡多？

當年的郵局招考報到分發，大概會落在幾月？該分局當年有無缺額？附近的公家機關有租屋需求的人多不多？有了這些資訊之後，我就能知道自己的房子需要在幾月之前上架曝光，要從哪裡下廣告，能精準的找到求租者。

瀏覽社交平臺上該城市的租屋社團，也是一件很重要的事情！通常租屋社團會以房東或仲介的廣告文居多，但是也有不少求租者會寫下自己的租屋需求，如果屋主願意花點時間研究這些貼文，就可以提早做出篩選，並發出看屋邀約，不用被動等待租客上門。而我們後來的房客，也是我從這裡找來的。

用整理師思維做設計：體貼租客所有的收納需求

從大門出入口的鞋櫃，二樓租客私人空間的玄關掛衣置物區，客廳的電視櫃、書櫃與可放置小家電的餐櫃，再到兩間臥室充足的大衣櫃與桌椅，基本上無論租客是什麼行業身分，我所提供的收納空間配置量，都已遠遠超出一般房東願意給的基本需求了。

就連用主臥室衛浴改裝後的新廚房，在收納設計上

也一點都不馬虎，為了控制裝修成本，除了新增一字型的流理臺之外，用三層推車取代調味料拉抽和三個抽屜，上排空間使用層板取代一整排吊櫃，再搭配家裡原本的竹製三層架，取代 80 公分寬的櫃體，再配上幾組開放式收納籃，與雙人份的新餐具，最後完成了一個既實用又美觀的小廚房，而這也不過只是花了 2 萬多元的成果罷了（不含敲掉原始浴室設備和防水貼磚工程）。

「布置與拍照」：為產品增添光彩

其實我們房子的本質就不錯，裝潢完工之後，我又添加了一些裝飾畫、抱枕、地毯、植栽等軟裝進去。然後在每個空間局部完成清潔之時，趁著有陽光的時候，趕緊搶拍一些採光好的照片，要是拖到下雨才拍，照片的美感肯定會差很多。

之前在瀏覽租屋網站的時候，我發現很多房東並沒有很注重照片的品質，別說是裝飾空間了，有些連拍照的角度和畫面呈現都很隨便。就某方面來說，招租或是售屋照片就像是廣告文案或是面試履歷，要讓陌生人買單之前，一定要花點心思在包裝上，才有可能在短時間內讓對方留下良好印象，增加通往下一步（約帶看）的

可能性。

「定價」：價格是市場決定還是你決定？

當時我們的房子快弄好時，隔壁鄰居太太跑來打聽我們要租多少錢？因為她長期住在外縣市，基隆的房子也空了很多年，好巧不巧也跟我們撞上了同一時期要出租房子。

當我告訴她我們月租金定價的時候，她信誓旦旦的說這樣太貴了，一定租不出去，因為她自己的房子比我們家更大，還多了一個房間，也不過才比我們多 2000 元。就連我婆婆來參觀的時候，也覺得我們的定價有點高。

但無論旁人怎麼潑冷水，我和老公還是抱著試試看的心情開價，畢竟我們提供這麼完善的設備，也比其他相似的物件漂亮，若是到時候真的租不出去，可以再調整策略，為何要一開始就低價競爭？

不同的定價策略，會吸引來不同族群的租客，其實這也是我們做為第一層篩選的方式，這個價格能幫我們吸引到懂得欣賞好房子、在乎生活品質、有能力負擔且不是以愈便宜愈好為首選的人。雖然帶看量不會大，但是質感會好，況且開價是一回事，如果在帶看的過程有

遇到我們喜歡的租客，我們也可以用任何優惠方式將對方留下來，如果一開始就低價競爭，最後連談條件的機會都沒有了。

「主動出擊」：幸運有時候是自己找來的

前面有提到，瀏覽社交平臺上該城市的租屋社團，也是一件很重要的事情！

在我們房子裝潢完工後，但還沒進入細清階段時，我每天都會花一些時間在社交平臺上，瀏覽基隆租屋社團。上面三不五時就會有網友上傳求租貼文，他們會寫下自己的職業概況、房屋需求條件、預計起租日期、租金預算……等內容，尋求符合條件的屋主或是仲介與他們聯繫。

這個方式對屋主來說的好處是可以從被動等待轉為主動出擊。房東可以透過對方的文字、大頭照以及點進對方的個人頁面，觀察一下對方的生活與交友狀態，進而篩選出自己初步可以放心的對象。

當時我剛好看到一位女生的求租貼文，符合我們的要求，所以就主動留言和發私訊給對方，除了向她描述我們的房屋條件之外，還傳了一張我們改造後的新廚房

照片給她，結果她很快就回覆我想約看房，於是就促成這段緣份了。

　　而她和她的室友，也是唯一一組來看我們房子的租客，因為看完屋子的當天我們雙方相談甚歡、感覺良好，於是我和先生便主動提出，若是他們願意一次付清一年的租金，我們就免去一個月的金額，等於住一年只需繳11個月的租金。這樣算下來，再加上可申請政府的租金補貼，兩人平分後的金額比去附近分別租小套房還便宜很多，於是他們就欣然同意了！

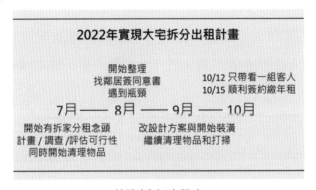

基隆拆家時程表

　　至於我們改造後的一樓空間，雖然看起來有點小，物品還是有點多，但是我們夫妻覺得其實還好，就這個階段的我們而言，已經是最適切也最溫馨的生活了。

這三個月來，我們淘汰了將近一半的物品，也放棄了好幾樣大型家具，而在這過程中，我們也不只一次討論，還能放棄哪些東西？

　　感謝我公婆接收了原本被我們放在二樓健身房的超大臺跑步機，剛好可以讓他們在冬天時在家裡走走路。至於那臺我老公每晚都會使用的按摩椅，在明知它很占空間的情況下，我們還是硬著頭皮將它留下來了。

　　在接下來的日子裡，我們會盡情努力的使用它，直到必須說再見的那一天，再與它道別，到時候一樓的臥室空間就會變大一些了。

　　在我們 40 幾歲的這一年，完成這件事正是時候，所有發生的事情都是該發生的，一切都不早不晚剛剛好！

家人們的遺物整理，理性與感性如何平衡

（案例照片見彩頁第 31 頁）

　　當你閱讀到最後這一篇文章時，需要先理解：**關於親人遺物的處理方式與個人信仰，以及對於死亡的看法有極深的關聯**。因此，我在撰寫這本書時，只有這一篇不打算賦予任何指導意圖，純粹就是分享我自己的經歷，無論是你覺得我的做法對你有幫助，或者嗤之以鼻，都沒有關係。

　　首先，我沒有任何宗教信仰，不信有神，不信因果業力，但相信靈魂曾轉世進修的概念。因此死亡對我來說，就是靈魂脫離已無法再使用的皮囊，回到靈界後休息或是沉澱後，再投胎進入另一段人生。

　　據我所知，我的父母跟我是差不多的想法，而會在接下來文章中提到的爺爺、奶奶則是基督徒，他們認為死後會上天堂，回到天父的懷抱。

　　再來就是我們家的人看待生死比較豁達，我父母基

於環保不浪費和做醫學貢獻的觀念，他們非常認同大體捐贈，所以早在多年以前，就已經說服家中的所有成員，包含四位（外）祖父母簽署了捐贈表。這也代表我們家只要有人過世，不會有葬禮，沒有任何繁文縟節，只需要在死亡確認流程結束之後，打一通電話請醫學院把遺體載走，事情就結束了。之後沒有需要幫死者更衣化妝、沒有需要做頭七……等禮俗儀式。

上述這些，就影響了我們家處理親人遺物的方式與態度，我們認為**人離開後，物就只是物**！畢竟連身體都能捐贈了，那遺物對我們家人來說，還真的就不是什麼困擾的事情。

2017 年 11 月 27 日，是我人生中第一次面對摯愛親人的離去，帶我長大的奶奶過世之後的一週，我幾乎每天都大哭，情緒跌到谷底。

當時奶奶居住的房子是承租的，由於同住者還有爺爺與一名外傭，所以在這情況下，她的遺物完全不急著整理，因為沒有急迫性。父母和妹妹等我處理好情緒之後，直到年底結束的前幾天，我們才相約一起去收拾奶奶的遺物。由於當時我對於遺物處理毫無經驗，原以為氣氛一定會十分哀傷，沒想到那天竟然十分歡樂，現場

笑聲不斷。

我們家人在奶奶活著時，都很盡心的愛她，沒有悔恨和遺憾，她離開後，我們雖然感到不捨，但是心裡也都很清楚，她此生已圓滿結業，回去了真正的老家，而她所留下的這些遺物就只是「物」，並不等於她。所以在分類和割捨時毫無困難，對於少數已毀壞破損的衣物，我直接丟垃圾袋，證件資料什麼的，就交給我爸爸確認後撕毀丟棄，我們只想保存對她的記憶和照片，以及還能使用的衣物而已。

我奶奶是個很有美感和品味的女人，她留下來的許多東西都很漂亮，而且相當有質感。那天我們像在逛復古二手商店似的，各自帶回了好多她的衣服、圍巾、帽子、包包……。

她的物品我們幾乎都能沿用傳承，當我們每拿一件喜歡的，都對著天花板大喊：「謝謝奶奶！」彷彿她笑著陪在我們身邊，告訴我們那些東西她當初是在哪兒買的，然後很高興我們能帶走似的。

比較特別的是，我還拿了奶奶的四件旗袍，隨後帶去永樂市場給旗袍師傅改造成我的尺寸和風格，日後穿上它們時，就如同奶奶隨身相伴。

那天還發生了一個意外插曲，我先是在奶奶的其中一件衣服口袋裡撈出 600 元臺幣，接著又在她臥室的層架角落，找到一個沾灰塵的腰包，裡面竟然有一筆為數不少的美金。想必奶奶一定是藏到忘記了，後來趕緊把這筆錢存到了爺爺的戶頭裡。

　　這經驗也讓我在往後的遺物整理工作中，會提醒委託人一定要特別留意往生者家中的居住環境，像是層架和櫃子深處、包包夾層、床墊床鋪床底、枕頭套內、書本裡、衣物口袋、收藏的鐵盒或塑膠袋中，都有可能會找到錢或是貴重物品。

　　2022 年 1 月 3 日，我爺爺於睡夢中過世，享年 102 歲，喜喪。這一次的狀況和五年前奶奶過世時大不相同，遺物整理變得有急迫性了。由於當時我已經累積多年的到府整理經驗，所以爸爸直接交代由我負責處理整間屋子的遺物，和後續清運打掃一事，目標是要盡快將租房整理乾淨還給房東。

　　當時我只想趕緊減輕家人們的經濟負擔，畢竟多拖一個月，就要多支付一個月的租金、管理費及外傭薪資，再加上爺爺是在一月初過世，離農曆春節只剩下三週，那段期間剛好都是清運、搬家和清潔服務業者的旺季，

我實在很怕會因為排不上他們的檔期，得被迫等到農曆春節後才能清理房子，那就得增加兩個月的開銷啊！

　　情急之下，我在爺爺過世當天，就在等待醫學院來把爺爺遺體載走的空檔，趕緊打電話給清運和居清業者進行預約，聽起來有點過於無情了對吧！但逝者已矣，當下的我需要為活著的人著想。好在我是當天打電話，才能順利排到農曆年前一週的服務。

　　爺爺離開後的十天內，我陸續做了幾件事情：

1. 向國內外親屬告知，我們即將要清空爺爺住處的消息，詢問他們有沒有特別想保留和取走的物品，如果要自取，設定一個截止日讓他們來拿，逾期不保管。如果要我安排搬家清運業者載過去，只限清運當天的日期，不然會產生其他費用。

2. 向公益單位和二手家具收購商確認他們的收贈與收購條件，將良好的物品拍照給他們評估，並確認他們索取物品的方式。

3. 與清運業者和居清服務確認到府日期，將屋內拍照請兩方報價。前面提到我快速跟他們敲檔期，是為了要搶在農曆年前能得到服務，但當時其實

無法跟他們談太多細節，像是提供照片給清運業者估價這件事情，必須得安排在所有該離開的物品都被取走之後（家屬拿走、捐贈或是二手商收購後）再拍照才會比較準確。無論如何，先敲檔期是最重要的事情，其他細節在業者們到府前都好處理。

4. 將屋內需特殊清潔或修繕之處拍照，與房東討論處理方式。我爺爺、奶奶在那邊住了十幾年，屋內窗戶上有些為了防颱而貼的膠帶殘膠，牆壁有因地震造成的裂縫，廚房有外傭煮飯造成的重度油煙，這些都需要先確認房東會要求我們復原到什麼程度？我才好在提供照片請居家清潔人員報價時做重點說明，他們也比較好評估時數和人力。假如房東需要我們做一些復原修繕，也代表著我還得在農曆年前找到泥作師傅來處理，如果忽略掉這些細節，有可能會讓我原定的退租日被迫延期。

在完成上述事項之後，我和父母、妹妹約了一天前往爺爺家檢查剩餘的物品。自從奶奶在 2017 年走了以後，爺爺雖然沒有什麼病痛，但變得幾乎不再說話了，

他一個人與外傭住在租屋處，過著再單純不過的生活。由於在他生命最後那幾年，爺爺幾乎都是坐在輪椅上或是睡覺，已無法重拾過去的興趣愛好，穿用飲食也變得非常單一，因此該捨棄的東西其實已捨的差不多。除了有不少大型家具之外，屋內幾乎沒有太多零碎雜物，所以整理起他們家，不是一件太難的事情。

由於整理當天時間有點趕，我原本以為自己不會在現場有任何情緒波動，結果就在看到我媽翻出幾張爺爺、奶奶的照片時，還是落下了兩行淚。我想，遺物中最難整理的項目，莫過於相片了，這些回憶類的物品，真的必須要等到最後再去翻看，免得進度落後太多。

後來媽媽把照片都集中帶回我們家慢慢處理，事後她也做了大量的斷捨離，丟掉那些重複、沒有笑容、沒有記憶點的相片，剩卜要保留的部分，花了好幾個月完成翻拍，儲存成電子檔傳給我們。

在翻箱倒櫃之際，我們看到了一些很有趣的物品，還意外發現到許多骨董與值得沿用的瓷器、顏料、畫架、印章、毛大衣、老西裝……等美麗物品，後來我們也是精選了少量的東西帶回家收藏，剩下一些好東西，就贈送給有興趣拿走的朋友。

我們花了兩天時間，將房子裡要的物品挑出帶走，剩餘的大型廢棄物和垃圾，也按照原訂日期請清運公司全部清除，隔日再請居清人員花了一整天時間，把全屋打掃得乾乾淨淨，共花費近 5 萬元。最後，於 2022 年 1 月 23 日將房子交還給房東，從爺爺過世那天到完成退租，總共只花了二十天。

　　回憶起兩段整理親人遺物的過程，我也想著自己將來離世的時候，要留下多少有用的物品給親人？肯定是希望只留下有益且美好的，盡量不要造成家人的困擾。因為所有東西到最後所剩下的實際價值極低，有些東西丟也不是、留也不是，現在丟廢棄物的價格也高，遺物愈多，家人們的整理負擔也愈重。

　　感謝爺爺、奶奶，留給我們許多美好的回憶和有用的物品，也十分感謝他們倆老沒有囤積任何無用和多餘的東西，讓我們得以在整理過程中，減少許多體力和情緒的負擔。

　　當我們接受生命的逝去是必然時，遺物整理就不再是悲傷的課題。

本章重點整理

36. 買房也需要做計畫與定目標。

37. 沒有十全十美的房子，重點都在於自己的取捨。

38. 當你找到那間「對的房子」時，也會出現屬於你自己的
　　幸運。

39. 小資裝修的重點在於，依輕重緩急分配預算。

40. 去創造改變的動機。

41. 理解，永遠得排在溝通之前。

42. 人生要一直往前走，接受生命不斷地給予，為過去停留是
　　最人的浪費。

43. 先捨才有得。

44. 搬家和裝潢前，就要先做好物品分類與取捨。

45. 「整理」之所以如此迷人，正因為它能讓人看到過去，也
　　能預見未來。

46. 整理，也是與人生階段性道別的方式。

47. 成功是有跡可循的。

48. 幸運有時候是自己找來的。

49. 親人遺物的處理方式與個人信仰，以及對於死亡的看法有極深的關聯，所以沒有對錯。

50. 當我們接受生命的逝去是必然時，遺物整理就不再是悲傷的課題。

致謝與祝福

　　感謝促成這本書順利出版的所有人。

　　感謝所有期待我出第二本書的讀者們，不好意思，讓你們久等了。

　　感謝所有長期追蹤 Facebook「藝收納居家整理顧問」的粉絲們。

　　感謝多年來一直支持我從事這個行業的家人與好友。

　　最後，祝福所有讀完此書的你，都能在你心目中的理想空間中，幸福的生活著。

　　當意念足夠強烈，就會美夢成真！！

2024/6/28 何安蒔 完稿

整理之外

超越一般空間收納術，你需要知道的 50 件事

作　　　者／何安蒔
出 版 經 紀／廖翊君
封 面 攝 影／Blake Yang
美 術 編 輯／孤獨船長工作室
執 行 編 輯／許典春
企劃選書人／賈俊國

總　編　輯／賈俊國
副 總 編 輯／蘇士尹
編　　　輯／黃欣
行 銷 企 畫／張莉榮・蕭羽猜・温于閔

發　行　人／何飛鵬
法 律 顧 問／元禾法律事務所王子文律師
出　　　版／布克文化出版事業部
　　　　　　115 臺北市南港區昆陽街 16 號 4 樓
　　　　　　電話：（02）2500-7008　　傳真：（02）2500-7579
　　　　　　Email：sbooker.service@cite.com.tw
發　　　行／英屬蓋曼群島商家庭傳媒股份有限公司城邦分公司
　　　　　　115 臺北市南港區昆陽街 16 號 8 樓
　　　　　　書虫客服服務專線：（02）2500-7718；2500-7719
　　　　　　24 小時傳真專線：（02）2500-1990；2500-1991
　　　　　　劃撥帳號：19863813；戶名：書虫股份有限公司
　　　　　　讀者服務信箱：service@readingclub.com.tw
香港發行所／城邦（香港）出版集團有限公司
　　　　　　香港九龍土瓜灣土瓜灣道 86 號順聯工業大廈 6 樓 A 室
　　　　　　電話：+852-2508-6231　　傳真：+852-2578-9337
　　　　　　Email：hkcite@biznetvigator.com
馬新發行所／城邦（馬新）出版集團 Cité（M）Sdn.Bhd.
　　　　　　41, Jalan Radin Anum, Bandar Baru Sri Petaling,
　　　　　　57000 Kuala Lumpur, Malaysia
　　　　　　電話：+603- 9056-3833　　傳真：+603- 9057-6622
　　　　　　Email：services@cite.my
印　　　刷／韋懋實業有限公司
初　　　版／2024 年 10 月
定　　　價／450 元
Ｉ Ｓ Ｂ Ｎ／978-626-7518-24-3
Ｅ Ｉ Ｓ Ｂ Ｎ／9786267518236（EPUB）

城邦讀書花園　布克文化
www.cite.com.tw　WWW.SBOOKER.COM.TW

(Before) 大型衣櫃示意圖

(After) 大型衣櫃示意圖

（Before）和室間

（Before）和室間衣櫥

用即將淘汰的斗櫃抽屜取代收納盒

（After）和室間

（After）和室間衣櫥把左側雜物分類後放進櫃中

（Before）更衣間掛衣桿已垮

（Before）更衣間看不清楚
收納櫃款式

（Before）更衣間中間區域

（Before）更衣間燙衣板擋住
櫃子

（After）更衣間掛衣區與上方
層板

（After）更衣間入口收納區

（After）更衣間內部收納區

（After）更衣間內部櫃門已可
打開

(Before) 和室

(After) 和室

(After) 層架物品分類定位

(After) 玩具箱定位

(After) 收納箱內分類

(After) 抽屜箱內分類

（Before）更衣間

（Before）主臥室掀床底下的
換季衣量

（Before）書房入口處堆放大
型少用物品

（Before）女兒房衣櫃右半邊
都是委託人的衣物

（After）書房的大型物品已移到
掀床下

（After）去除雜物後的書房整齊
乾淨

（After）主臥室床邊新增七抽
斗櫃

（After）將衣帽間貼身衣物移到
此處

（After）運用掛褲架，底部增添
附蓋收納箱放乾洗衣物

（After）新添購的透明鞋盒收納
鞋帽

（Before）衣帽間層板區原本
放貼身衣物

（After）衣帽間撤除，層板
改造為吊掛功能

（Before）衣帽間凌亂擁擠

（After）衣帽間井然有序

（Before）女兒房間書籍和
汙衣沒地方放

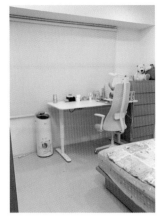

（After）女兒房間收納問題已
解決

（After）女兒房衣櫃門片撤除，
左邊改為書櫃，右邊變回穿區

(Before) 旗袍師傅本想在前方的窗檯上增設縫紉機，讓學員坐在高腳椅操作

(After) 學員的操作區集中在工作室中心

(Before) 開門見到的畫面沒有重點

(After) 開門看到展示區

（Before）入口旁的牆面原為展示區

（After）此牆面規畫為收納區

（Before）入口原先放旗袍展示架，矮桌是學員的茶水點心區

（After）將點心茶水區規畫在窗檯前

（After）學員用布料集中在斗櫃中，依材質和花色分類

（After）老師私人布料與物品，放置在可用門片遮蔽的衣櫃內

（After）左邊抽屜是課程常用工具，右邊抽屜是不常用的珠扣裝飾和文具

（After）客訂款高級布料規畫
在衣櫃下方的抽屜中，不受
門片阻擋

（After）選購透明推車收納線
捲、拉鍊和蕾絲

（After）線捲站立的高度
剛剛好

（After）縫紉機內專用線捲和
線軸，再用小收納盒分類

(Before) 客廳層架擋住走道

(Before) 主臥室書桌堆雜物

(Before) 主臥室

(After) 主臥室

(Before) 大坪數臥室

(After) 大坪數臥室

（After）主臥室裡用鐵製作品展示架
改造成包包收納架

堆滿貨品與雜物的小房間，
想改成孩子的臥室

委託人想把小房間的貨架與
此區的家具交換位置

2019 年白色書櫃放在主臥室衣帽間收納包包和帽子

2021 年白色書櫃移到書房收納生活雜物及貓砂

2024 年白色書櫃移到客廳，一座收納書籍及寵物食品

2024 年白色書櫃移到客廳，另一座收納 DVD 和貓砂

此房間原本是我的書房

後來變成我老公的臥室

白色抽屜櫃挪去老公房間

我的書桌與抽屜櫃交換位置

(Before) 床前抽屜櫃隨便擺

(After) 將抽屜櫃移回這面牆

(Before) 當年嬰兒床的定位

(After) 用嬰兒床改造的書桌

（Before）客廳一角

（Before）小房間

（Before）半開式廚房

（Before）主臥室

（Before）主臥室

（Before）主臥室衛浴

(Before) 客廳衛浴

窗景是公園和永久棟距

客廳衛浴 DIY 防水壁貼

DIY 粉刷轉向的電器櫃

（After）更換背板方向後，玄關
櫃變成電器櫃

（After）水槽下用布簾取代門片

（After）客廳

（After）餐廳

（After）廚房

（After）小房間

（After）主臥室

（After）主臥室

（After）主臥室用布簾區隔
衣帽間

（After）主臥浴室

（After）客廳衛浴

裝修前父母在新家門口合照

父母開始進行一個多月的
斷捨離

父親在新家衣櫃前的照片

父母一起聽我解說褲子的
收納方式

新家客廳區的待整理箱

書房區的待整理物品

廚房區的待整理物品皆標示
清晰

媽媽房間太小，我在書房摺
完衣服後再把家具推進房間

一個人在八小時內完成全屋
物品定位收納

(After) 新家書房

(After) 新家客廳衛浴

（After）新家客廳

（After）新家廚房

（After）新家爸爸臥室

（After）新家媽媽臥室

父母入住新家後很滿意

用空紙箱做斷捨離分類

捨棄的 DVD 和 CD

把不要的書全挑出來

老公認真淘汰堆放十幾年的
物品

二樓原始主臥室

二樓原始健身房

二樓原始衣帽間

二樓原始主臥衛浴

二樓原始客用廁所

原主臥室變客廳

客廳一角增加餐廚區

原衣帽間變臥室一

原健身房變臥室二

原主臥浴室變小廚房

整改後的衛浴

一樓客廳原始樣貌

一樓客廳原始樣貌

一樓縮小後的客廳

兩個人住其實也挺舒適了

我原本衣帽間的衣服都集中到這面牆了

一人一面牆收納衣物，和老公要保留的按摩椅

二樓增設玄關有獨立大門

通往二樓的通道

可沿用的美麗遺物一

可沿用的美麗遺物二

在房間裡找到的現金

奶奶的旗袍改造一

奶奶的旗袍改造二